U0266852

湖南九龙江国家森林公园特色植物图鉴

吴 磊　孙小军　袁胜全　黄晓刚◎编著

HUNAN JIULONGJIANG
GUOJIA SENLIN GONGYUAN
TESE ZHIWU TUJIAN

长江出版传媒
湖北科学技术出版社

图书在版编目（CIP）数据

湖南九龙江国家森林公园特色植物图鉴 / 吴磊等编著 . —武汉 : 湖北科学技术出版社 , 2024. 7

ISBN 978-7-5706-3166-7

Ⅰ . ①湖…　Ⅱ . ①吴…　Ⅲ . ①自然保护区－植物－湖南－图集
Ⅳ . ① Q948. 526. 4-64

中国国家版本馆 CIP 数据核字 (2024) 第 063627 号

责任编辑：张丽婷
责任校对：李梦芹　　封面设计：喻　杨

出版发行：湖北科学技术出版社
地　　址：武汉市雄楚大街 268 号（湖北出版文化城 B 座 13—14 层）
电　　话：027-87679468　　邮　　编：430070

印　　刷：湖北新华印务有限公司　　邮　　编：430299

889×1194　1/16　15. 25 印张　280 千字
2024 年 7 月第 1 版　2024 年 7 月第 1 次印刷
定　　价：128. 00 元

《湖南九龙江国家森林公园特色植物图鉴》编委会

顾　问：陈春华

主　任：邓耿祥　徐春雄

副主任：黄晓刚　袁华明　袁胜全　孙小军

委　员：朱　丽　钟胜建　钟志军　朱忠周　钟　杰　朱涛敏　宋子翔
何华杰　何永刚　黄德芳　朱小祥　朱思睿　何胜财

主　编：吴　磊　孙小军　袁胜全　黄晓刚

副主编：廖小雯　廖凌娟　徐永福　李家湘　周建军　卢茂康

参编人员（排名不分先后）：

刘　昂　蔡嘉华　宋　凤　杨振宇　杨彦捷　冯梓林　陈泓桥
陈思雨　罗金龙　张　帆　薛　俊　朱　路　向梓航　邱泓铠
阳俊宇　张艺馨　罗　锐　袁俊杰　陈南炜　林子豪　黄雨豪
史思静　唐凌怡　杨　睿　骆跃明　谢艺峰　黄永财　祝韶辉
谷诗瑶　朱文胜　孙红玉　杨超璘　李政仁　王天天　薛　灵
詹　敏　朱承飞　谭志明　谭筱雨　王陆旸

主　审：喻勋林

序

植物是地球生态系统的初级生产者。丰富的植物多样性为人类的生存和发展提供了各种资源，同时也在保持水土、净化大气、美化人居环境、维护生态平衡等方面发挥了巨大的作用。因此，保护和合理利用野生植物是人类可持续发展的重要议题。湖南是我国的一个植物大省，据不完全统计约有野生维管束植物 6000 余种。然而到目前为止，《湖南植物志》仅编撰出版了前三卷，收录了维管束植物 132 科 591 属 2715 种，收载数量不及湖南植物总数的一半，且最近出版的第三卷也超过了十年。因此，仍需加大力量开展湖南植物多样性的调查研究，为各类野生重点保护植物的保护提供基础资料，也可助力完成《湖南植物志》的编撰。

九龙江国家森林公园地处湖南省的东南部，南面与广东丹霞山为邻，西面紧接莽山森林公园，地理环境优越，植被类型多样，植物资源丰富。据统计，该区域仅野生维管束植物约有 180 科 755 属 1599 种，包括石松类和蕨类植物 24 科 69 属 153 种，裸子植物 6 科 9 属 10 种，被子植物 150 科 677 属 1436 种，其中保存有各类保护植物 53 种，包括列入《国家重点保护野生植物名录》（2021 年版）的 37 种和列入《湖南省地方重点保护野生植物名录》（2022 年版）的 16 种。此外，还有不少种类为该地区的稀有或特色植物。确实有必要将其归纳和整理出版，以便于全社会认识它们，了解它们，从而自觉地关注它们，进而达到保护的目的。

可喜的是中南林业科技大学的吴磊先生等人基于多年的努力，编撰完成了《湖南九龙江国家森林公园特色植物图鉴》，并提出让我来作序，使我有幸看到了这本书的样稿。这部图鉴是在对九龙江国家森林公园维管束植物全面整理和分析的基础上完成的，全书收载了各类保护植物以及本地区的稀有和特色植物共 200 种，其中石松类和蕨类植物 10 种，裸子植物 6 种，被子植物 184 种。每种植物均给出中文名和拉丁学名、形态特征、应用价值、生境及省内分布等方面内容，并配有多张精美的彩色照片。形态特征的描述简明概括，植物照片既有植物体形态，也有花、果等特写，便于读者快速地把握植物的突出特点，实现快速鉴定。全书植物鉴定准确，图片质量上乘，具有较高的学术和应用价值。

我相信，该书的出版将有力地促进九龙江国家森林公园野生植物多样性的保护工作，同时也对其他地区植物资源的整理和宣传提供了可借鉴的样板。

是为序。

刘全儒

北京师范大学生命科学学院

2024 年 3 月 24 日于北京

前 言

生物多样性使地球充满生机，也是人类赖以生存和发展的重要基础。习近平总书记多次强调生物多样性保护的重要性，保护生物多样性已经上升为国家战略，成为全社会的共识和行动。

湖南九龙江国家森林公园位于湖南省东南部汝城县境内，地处湘、赣、粤三省交界处，最高点海拔 1403.6 m，最低点海拔 185 m。海拔落差较大，地形复杂多样，加之水热条件充沛，孕育了如今公园内高达 97.4% 的森林覆盖率。大量完整的原始次生林群落，以及丰富的物种多样性，使公园被誉为“南岭植物王国”。据统计，公园内共有野生维管束植物约有 180 科 755 属 1599 种，包括石松类和蕨类植物 24 科 69 属 153 种，裸子植物 6 科 9 属 10 种，被子植物 150 科 677 属 1436 种，保存有各类保护植物 53 种。

与湖南其他地区多数水系资源流向洞庭湖进入长江不同，湖南九龙江国家森林公园的水资源大部分南下广东，属于珠江水系。该公园水热条件更接近广东，华南植物区系在此突显，因此，植物特色有湖南省“飞地”之称。近 10 年来，随着调查不断深入，大量湖南新记录被陆续发现，如多枝霉草（*Sciaphila ramosa*）、弯管马铃苣苔（*Oreocharis curvituba*）、喙果黑面神（*Breynia rostrata*）等，甚至不乏有新种报道—— 汝城秋海棠（*Begonia ruchengensis*）。此外，还有不少在湖南省内仅分布于九龙江的物种，如光萼紫金牛（*Ardisia omissa*）、杖藤（*Calamus rhabdocladus*）等。

为扩大公众对湖南九龙江国家森林公园的知晓度，提升社会各界的生态意识和科学素养，中南林业科技大学和湖南九龙江国家森林公园管理处共同编写了《湖南九龙江国家森林公园特色植物图鉴》一书。本书共收录公园内最具有代表性的 200 个种，隶属于 80 个科 158 个属。在物种的选择上，优先考虑仅在汝城九龙江分布的物种、国家和地方重点保护植物以及公园内顶级群落的建群种。在物种排列上，石松类和蕨类植物按照 PPG I 系统、裸子植物按照杨永裸子植物分类系统、被子植物按照 APG IV 分类系统进行分类。在保护级别标注书写上，国家一级保护野生植物、国家二级保护野生植物及湖南省地方法重点保护野生植物分别用国一、国二及省级代替表示。

部分物种的鉴定得到了湖南师范大学刘克明教授、广西壮族自治区中国科学院广西植物研究所刘演研究员、黄俞凇研究员大力支持，在此深表感谢。

由于作者水平有限，书中错误在所难免，敬请读者批评指正！

编者

2024 年 3 月

桫椤 *Alsophila spinulosa*

头花水玉簪 *Burmannia championii*

多枝霉草 *Sciaphila ramosa*

腐生齿唇兰 *Odontochilus saprophyticus*

汝城秋海棠　*Begonia ruchengensis*

苞舌兰　*Spathoglottis pubescens*

目录 CONTENTS

第一章　九龙江国家森林公园概况与研究现状

1 九龙江国家森林公园概况

1.1 地理位置

九龙江国家森林公园（简称九龙江公园）位于湖南省郴州市汝城县东南部，地处湘、粤、赣三省交界处，东与本县热水镇、三江口镇相邻，南与广东省仁化县接壤，西与该县大坪镇交界，北与本县卢阳镇、集益乡毗连。公园主体地理坐标为东经 113° 38′ 15″～ 113° 50′ 25″，北纬 25° 21′ 00″～ 25° 29′ 44″。九龙江公园管理处设在大坪国有林场场部，距汝城县城 32 km。公园北大门距离厦蓉高速（G76）公路出口约 10 km，武深高速（G0422）和 106 国道公路穿境而过。周边旅游资源丰富，南临广东丹霞山，西毗宜章莽山，北接资兴东江湖旅游区、革命摇篮井冈山和中华始祖炎帝陵，地理条件得天独厚，区域优势十分明显。

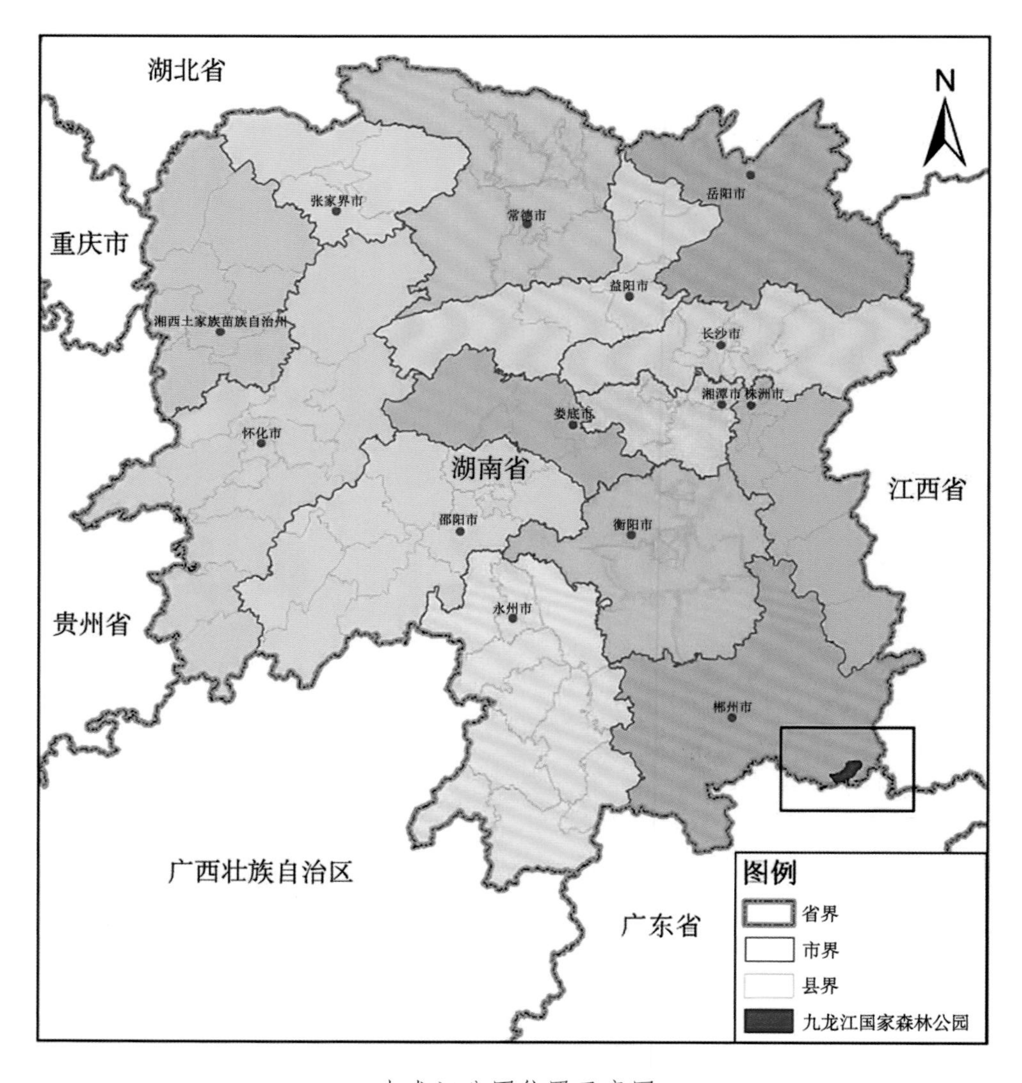

九龙江公园位置示意图

1.2　地质地貌

九龙江公园地处南岭东西向构造带中段与华夏“多”字形构造带的交汇部分。构造极为复杂，形迹多样，在漫长的地质发展史中，经过“加里东”“印支”“燕山”等较强烈的构造运动，形成了一系列复杂的构造类型。自元古界至新生界，除寒武系上组、奥陶系、志留系及三迭系缺失外，其余在震旦系、寒武系、泥盆系、石炭系、二迭系、侏罗系、白垩系、第四系均有分布。县内岩浆岩分布面积较大，约为 540 km^2，占全县总面积的 22.5%；所见岩体呈岩基、岩株、岩枝、岩脉状产出，形成时代主要为燕山期，印支期只有小块露出；岩层呈现褶皱，轴线近南北，与褶皱轴线平行的断层发育完全。岩层倾角一般在 35°以上。

九龙江公园地处南岭山脉中部和罗霄山脉南端交接处，位于地壳相对上升地带，地表遭受强烈的侵蚀、剥蚀，线状流水的下蚀作用盛行，地面切割密度大；地势为东北高，西南低形，形成了东北—北—西北向南倾斜的中低山地貌格局；群山罗列，沟壑幽深，庞大山体形成 1218.6 m 的相对高差（最高海拔福音峰 1403.6 m，最低海拔三江口 185 m），地势起伏，坡度为 23°～ 32°。

九龙江公园地形地貌

1.3　水文状况

公园境内河流小溪众多，东部主要河流为九龙江及其支流，西部主要河流为大麻溪及其支流，均属山地型河流，具有蜿蜒曲折、易涨易落的特点。

九龙江属珠江水系北江次级支流，发源于公园境内的上走马坪，流经大水江、粗坑、八丘田、三江口，南下广东省仁化县，汇于北江。九龙江在公园境内长约 20 km，最大落差 800 m，峡谷深约 450 m，控制流域面积达 104.71 km^2，5 km 以上的支流 7 条，流域内多年平均降雨量为 1548 mm，年平均径流深 1180.7 mm，年平均流量 7.67 m^3/s，年平均径流总量 $3.646 \times 10^9 m^3$。

大麻溪同属珠江水系北江次级支流，发源于大坪镇的带角岭，流经城溪、焦坑、称沟湾、两江口，南下广东省仁化县，汇入北江。大麻溪在公园境内长约 8 km，落差 135 m，控制流域面积达 45 km^2，主要支流有 3 条。

九龙江公园境内直河航拍

1.4 气候条件

公园属于中亚热带向南亚热带过渡的季风湿润气候区，气候温和，四季分明，温暖湿润，热量丰富，雨量充沛，光照充足，春暖多变，因受季风环流及地形地势影响，具有夏无酷热、冬少严寒，光照不均，垂直变化明显，无霜期长等特点。境内年平均气温为 16.5 ℃，比相邻地区低 3 ～ 5 ℃；月平均最低气温出现在 1 月份，为 6.2 ℃，极端最低气温为 -6.4 ℃；月平均最高气温出现在 7 月中旬，为 25.6 ℃，日平均最高气温为 28.4 ℃，极端最高气温为 35.2 ℃。年平均降水量为 1548 mm，年平均降水日数为 183 天，雨季多集中在 4—6 月和 8—9 月。雨水多，因此湿度也大，年平均相对湿度达到 82%。年平均日照时数 1731 h，年平均无霜期长达 274 天，≥ 10 ℃活动积温为 5097.4 ℃。

九龙江公园气候条件

1.5　土壤状况

境内山地土壤大部分为沉积岩和变质岩发育而成，主要成土母岩为花岗岩，在回头岭、四方坪、九曲岭、老场部一带有砂岩和板岩分布。山地土壤以山地黄壤为主，土壤垂直分布带较明显：海拔 350 m 以下为红壤，350 ～ 650 m 为山地黄红壤，690 ～ 950 m 为山地黄壤，900 ～ 1100 m 为山地黄棕壤，1100 m 以上为山地灌丛草甸土。土壤受高温多雨及植被影响，林溶作用强烈，生物循环旺盛，有机质和全氮含量较丰富，速效钾含量中等，速效磷含量缺乏。土层厚度一般在 70 ～ 100 cm，呈酸性至微酸性反应，土质较疏松，通透性良好，石砾含量 15% ～ 40%。除部分山顶山脊外，土壤一般较肥沃，适宜林木生长。

1.6　植被概况

九龙江森林公园总面积 15644.8 hm^2，森林覆盖率达 97.4%，保存有完整的原始次生林群落 4667 hm^2。公园林海苍莽，峰峦密布，沟壑幽深，生态环境优美。公园内植被类型多样，主要以常绿阔叶林为主，组成的优势树种以壳斗科（Fagaceae）、樟科（Lauraceae）、金缕梅科（Hamamelidaceae）、蕈树科（Altingiaceae）、杜英科（Elaeocarpaceae）为主，如壳斗科的米槠（小红栲，*Castanopsis carlesii*）、毛锥（*Castanopsis fordii*）、钩锥（*Castanopsis tibetana*）、饭甑青冈（*Quercus fleuryi*）、雷公青冈（*Quercus hui*）、岭南青冈（*Quercus championii*）、甜槠（*Castanopsis eyrei*），樟科的凤凰润楠（*Machilus phoenicis*）、黄樟（*Camphora parthenoxylon*），金缕梅科的大果马蹄荷（*Exbucklandia tonkinensis*），蕈树科的蕈树（*Altingia chinensis*），杜英科的褐毛杜英（*Elaeocarpus duclouxii*）、猴欢喜（*Sloanea sinensis*）等，它们高大挺拔，树冠开展，四季常青。

典型亚热带常绿阔叶林

常绿、落叶阔叶混交林及落叶阔叶林分布较少，仅散见于公园内。针叶林以杉木林为主，广泛分布于海拔 500~600 m 范围内，为 20 世纪 90 年代人工栽植，而天然分布的针叶树种不形成单优群落，仅散见于林中。园内灌丛分布广泛，主要以杜鹃花科（Ericaceae）的溪畔杜鹃（*Rhododendron rivulare*）、岭南杜鹃（*R. mariae*）、杜鹃（*R. simsii*）、鹿角杜鹃（*R. latoucheae*）、刺毛杜鹃（*R. championiae*）、马银花（*R. ovatum*），金缕梅科的檵木（*Loropetalum chinense*）、钝叶假蚊母（*Distyliopsis tutcheri*）、瑞木（*Corylopsis multiflora*），茜草科与前面的瑞木不属于同类茜草科（Rubiaceae）的日本粗叶木（*Lasianthus japonicus*）、玉叶金花（*Mussaenda pubescens*），忍冬科（Caprifoliaceae）的南方荚蒾（*Viburnum fordiae*），绣球花科（Hydrangeaceae）的蜡莲绣球（*Hydrangea strigosa*）、圆锥绣球（*H. paniculata*）及蔷薇科（Rosaceae）植物等为优势种。竹林在公园内散见，多见于村庄附近。灌草丛、山顶矮林构成了公园内高海拔处的美丽风景。

米槠、褐毛杜英为优势种的混交常绿阔叶林

2　九龙江国家森林公园维管束植物多样性

2.1　维管束植物组成

充沛的水热条件、复杂的地质地貌以及较完整的常绿阔叶林，使九龙江公园保存了丰富的维管束植物多样性。据统计野生维管束植物共有 180 科 755 属 1599 种（不含入侵及栽培植物）。公园具有南亚热带区系性质，园内热带分布成分较明显，尤以泛热带成分、东亚及热带南美间断成分为主。

石松类和蕨类植物 24 科 69 属 153 种，石松类和蕨类植物以华南至华西南的优势成分占主导地位，如鳞毛蕨科（Dryopteridaceae）、水龙骨科（Polypodiaceae）、凤尾蕨科（Pteridaceae）、金星蕨科（Thelypteridaceae）等。

种子植物 156 科 686 属 1446 种，其中裸子植物 6 科 9 属 10 种，被子植物 150 科 677 属 1436 种。其中，科内种数大于或等于 20 个的优势科仅有 18 个，却包含了 724 个种，占总种数的 45.28%，有豆科（Fabaceae）、禾本科（Poaceae）、蔷薇科、菊科（Asteraceae）、唇形科（Lamiaceae）、兰科（Orchidaceae）、壳斗科、樟科、茜草科等。表征科主要为蔷薇科、壳斗科、蓼科（Polygonaceae）、报春花科（Primulaceae）、葡萄科（Vitaceae）、五列木科（Pentaphylacaceae）、桑科（Moraceae）、安息香科（Styracaceae）、鼠李科（Rhamnaceae）等。优势科和表征科在公园的物种组成中占比最大，也是代表性最强的科。园内 686 个属中，世界分布属 57 属，非世界分布属 629 属。其中泛热带及其变型分布属最多，为 132 属，占非世界分布总属数的 20.99%；其次是北温带及其变型分布属，为 99 属，占比 15.74%；热带亚洲及其变型与东亚分布及其变型分布属数均为 86，都占比 13.67%；四者合计 403 属，占比 64.07%，构成了属级区系的主体部分。其中热带属合计 337 属，占比 53.58%，温带属合计 292 属，占比 46.42%，二者差异不大，说明了该地植物由中亚热带向南亚热带过渡的特点。

公园并无中国特有科分布，有东亚特有科 1 个，即猕猴桃科（Actinidiaceae）。园内有中国特有分布类型属及其变型属共 17 个，占本区系非世界属数的 2.7%，如青檀属（*Pteroceltis*）、伞花木属（*Eurycorymbus*）、陀螺果属（*Melliodendron*）、血水草属（*Eomecon*）等。有中国特有种 513 种，隶属于 112 科 273 属，其中含特有种数量最多的科和属分别为蔷薇科和冬青属（*Ilex*）。与我国其他地区共有种中，属于江南广布分布类型（主要指分布于秦岭以南或长江以南的华中、华东、华南、西南等地的特有种）的有 244 种，占该地区中国特有种总数的 47.26%，在所有分布型中占比最高；华南—华东—华中分布类型的有 174 种，占比 33.92%。这两种分布类型为公园内中国特有种的主要分布类型，合约占总特有种数的 81%。

2.2 保护植物

九龙江公园共有各类保护植物 53 种，隶属于 26 科 40 属。被《国家重点保护野生植物名录》（2021 年版）收录的共 37 种，其中，国家一级重点保护野生植物 1 种，即南方红豆杉（*Taxus wallichiana* var. *mairei*）；国家二级重点保护野生植物 36 种，为长柄石杉（*Huperzia javanica*）、福建观音座莲（*Angiopteris fokiensis*）、金毛狗（*Cibotium barometz*）、桫椤（*Alsophila spinulosa*）、百日青（*Podocarpus neriifolius*）、福建柏（*Fokienia hodginsii*）、穗花杉（*Amentotaxus argotaenia*）、金线兰（*Anoectochilus roxburghii*）、白及（*Bletilla striata*）、春兰（*Cymbidium goeringii*）、重唇石斛（*Dendrobium hercoglossum*）、黄连（*Coptis chinensis*）、小八角莲（*Dysosma difformis*）、花榈木（*Ormosia henryi*）等。被《湖南省地方重点保护野生植物名录》（2022 年版）收录的共 16 种，为竹柏（*Nageia nagi*）、观光木（*Michelia odora*）、川桂（*Cinnamomum wilsonii*）、兔耳兰（*Cymbidium lancifolium*）、黄花鹤顶兰（*Phaius flavus*）、雷公青冈、饭甑青冈、广东西番莲（*Passiflora kwangtungensis*）、茶梨（*Anneslea fragrans*）等。被《濒危野生动植物种国际贸易公约》（CITES 附录）收录的共 49 种，隶属于 5 科 33 属，为金毛狗、百日青、黄檀（*Dalbergia hupeana*）、秧青（*Dalbergia assamica*）、竹叶兰（*Arundina graminifolia*）、腐生齿唇兰（*Odontochilus saprophyticus*）、橙黄玉凤花（*Habenaria rhodocheila*）、多叶斑叶兰（*Goodyera foliosa*）等，其中兰科植物多达 29 属 41 种。

第二章　特色植物图鉴

1 长柄石杉

Huperzia javanica (Sw.) Fraser-Jenk.【国二】

石松科 石杉属

俗　　名：千层塔、蛇足石杉

形态特征：多年生土生小草本；茎直立，不高于 25 cm。叶螺旋状排列，狭椭圆形，向基部明显变狭，长 1 ～ 3 cm，有不整齐的尖齿。孢子叶与不育叶同形；孢子囊生于孢子叶的叶腋，两端露出，肾形，黄色。

应用价值：可药用，具止血散瘀、消肿止痛、解毒等功效，其提取物还对老年性痴呆等症状有改善作用。

生　　境：生于海拔 300 ～ 1200 m 的林下、路边。

省内分布：全省散见。

2　有柄马尾杉

Phlegmariurus petiolatus (C. B. Clarke) C. Y. Yang

石松科　马尾杉属

形态特征：附生草本。茎簇生，成熟枝下垂。叶螺旋状排列；营养叶平展或斜向上开展，椭圆形，长约 1.4 cm，基部楔形，下延，顶端圆钝，全缘。孢子囊穗比不育部分略细瘦。孢子囊生在孢子叶腋，肾形，2 瓣开裂，黄色。

应用价值：全草可入药，具清热解毒、消肿止痛的功效。

生　　境：附生于海拔 700 ～ 2000 m 的林下岩石上。

省内分布：汝城、江华、宜章。

3 福建观音座莲

Angiopteris fokiensis Hieron.【国二】

合囊蕨科 观音座莲属

俗 名：马蹄蕨、牛蹄劳

形态特征：植株高 1.5 m 以上。根状茎块状，直立。叶柄粗壮，长约 50 cm。奇数一回羽状复叶，叶片宽卵形，长宽各 60 cm 以上；叶缘具规则的浅三角形锯齿。羽轴顶端具狭翅。孢子囊棕色，长圆形，由 810 个孢子囊组成。

应用价值：植株高大，株形美观，为奇特的观叶植物；块茎可取淀粉。

生 境：生于海拔 400 m 的林下溪沟边。

省内分布：湘南、湘西南。

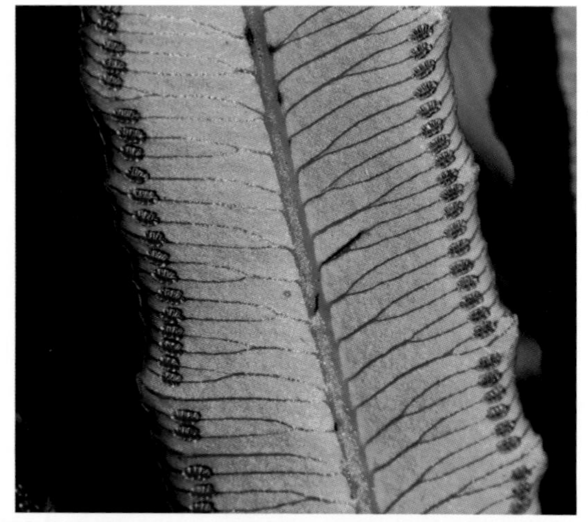

4　团扇蕨

Crepidomanes minutum (Blume) K. Iwatsuki

膜蕨科　假脉蕨属

形态特征：植株高仅约 2 cm。根状茎纤细，丝状，横走，黑色，疏被暗褐色的短毛。叶远生，叶柄纤细如丝，黑褐色，节节分枝，为多回多育性；叶片薄膜质，半透明，近于扇形或卵形，两面光滑无毛。孢子囊群生于裂片顶部。

生　　境：生于林下阴湿石上或树上。

省内分布：汝城、桂东、古丈、靖州。

5　金毛狗

Cibotium barometz (L.) J. Sm.【国二】

金毛狗科　金毛狗属

俗　　名：金毛狗脊

形态特征：根状茎卧生，粗大，顶端生出一丛大叶，基部被有一大丛垫状的金黄色茸毛。叶片大，长达 180 cm，广卵状三角形，三回羽状分裂，上面绿色，有光泽，下面为灰白或灰蓝色。孢子囊群生于下部的小脉顶端，成熟时张开如蚌壳。

应用价值：根状茎及其茸毛入药，具补肝肾、强腰膝、祛风湿的功效；可供观赏。

生　　境：生于山麓沟边及林下阴处酸性土中。

省内分布：湘南、湘西南，偶见湘中。

6　桫椤

Alsophila spinulosa (Wall. ex Hook.) Tryon 【国二】

桫椤科　桫椤属

俗　　名：龙骨风、蕨树、刺桫椤

形态特征：树状蕨类，茎干高达 6 m 以上；大型三回羽状复叶螺旋状排列于茎顶端。叶柄棕色，有刺状突起；叶片长矩圆形，纸质，羽轴、小羽轴和中脉上面被糙硬毛，下面被灰白色小鳞片。孢子囊群生于侧脉分叉处，囊群盖球形。

应用价值：茎干入药，有祛风除湿、强筋骨、清热解毒等功效；株型优美，可供观赏。

生　　境：生于山地溪旁或疏林中。

省内分布：汝城、江华、东安、宁远。

7 小黑桫椤

Gymnosphaera metteniana (Hance) Tagawa

桫椤科 黑桫椤属

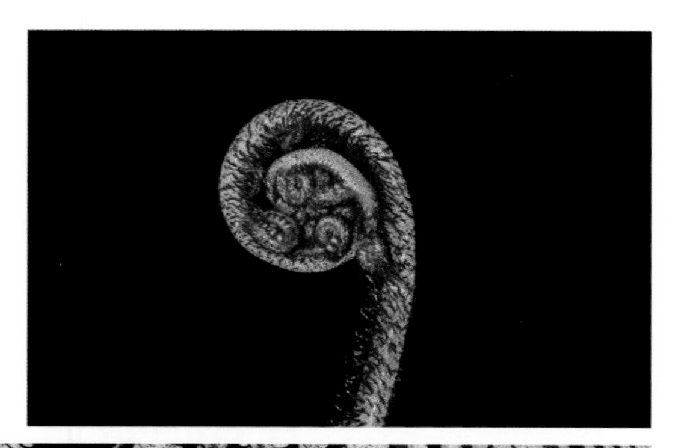

形态特征：植株高达 2 m 多；根茎短而斜升；大型三回羽状复叶螺旋状排列于茎顶端。叶柄黑色，无刺状突起；羽轴红棕色，残留疏鳞片；叶脉分离，两面侧脉上生针状毛。孢子囊群着生小脉中部，无囊群盖。

生　　境：生于山坡林下、溪旁或沟边。

省内分布：汝城、江华、中方、绥宁。

8　齿果膜叶铁角蕨

Hymenasplenium cheilosorum Tagawa

桫椤科　黑桫椤属

形态特征：植株高 30 ～ 50 cm。根茎长而横走，黄褐色，顶端密被披针形或线状披针形全缘鳞片。叶近生或疏生，叶片线状披针形，一回羽状，羽片 25 ～ 40 对，互生，近无柄。孢子囊群椭圆形，生于小脉顶端，位于锯齿内。

生　　境：生于海拔 500 ～ 1800 m 的密林下或溪旁阴湿石上。

省内分布：汝城、保靖、通道、江华、江永。

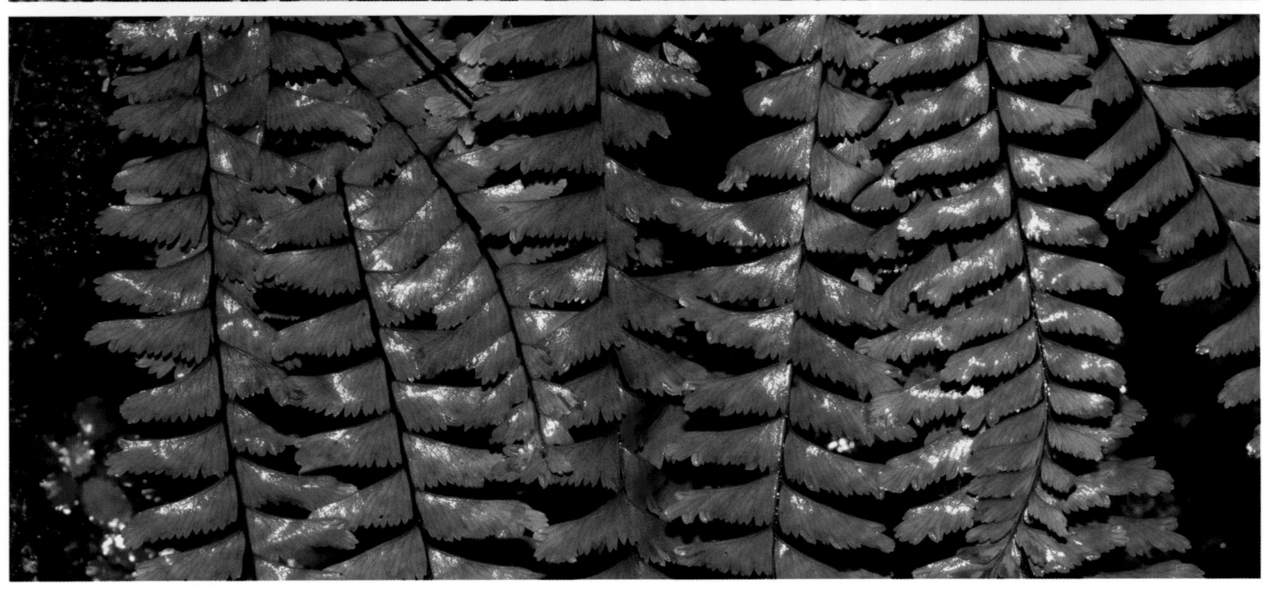

9 崇澍蕨
Woodwardia harlandii Hook.

乌毛蕨科 狗脊属

形态特征：植株高可达 1.2 m。根茎长而横走，密被披针形鳞片。叶散生，叶片常羽状深裂，侧生羽片对生，基部与叶轴合生下延，具翅相连。孢子囊群粗线形，靠主脉并平行，成熟时合成连续的线形。

应用价值：可药用，祛风除湿，主治风湿性关节炎。

生　　境：生于海拔 420 ～ 1250 m 的山谷湿地。

省内分布：汝城、宜章、桂东、江华、城步。

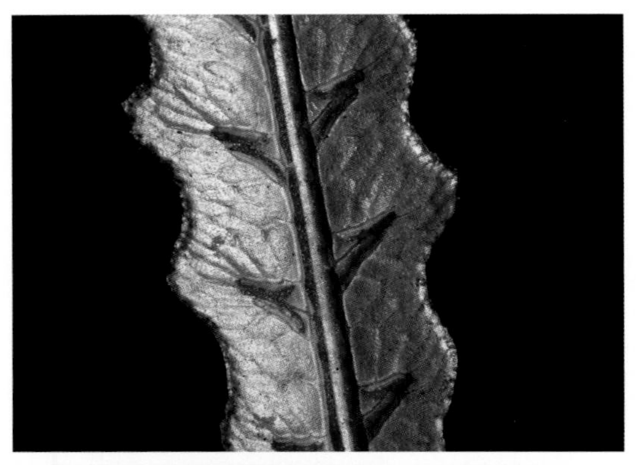

10　有盖肉刺蕨

Dryopteris hendersonii (Bedd.) C. Chr.

鳞毛蕨科　鳞毛蕨属

俗　　名：有盖鳞毛蕨

形态特征：植株高 48 ～ 75 cm。根状茎短粗，斜升，先端连同叶柄下部密被暗棕色、披针形鳞片。叶簇生；叶脉在末回小羽片上为羽状。孢子囊群圆形，生小脉顶部；囊群盖圆形，厚膜质，脱落。

生　　境：常生于山谷林下。

省内分布：汝城九龙江。

11　竹柏

Nageia nagi (Thunberg) Kuntze 【省级】

罗汉松科　竹柏属

形态特征：高达 20 m，树皮近平滑，成小块薄片脱落。叶革质，披针状椭圆形，有多数并列的细脉，无中脉，长 2 ～ 9 cm。雌雄球花，单生叶腋。种子圆球形，成熟时假种皮暗紫色，有白粉，种托不膨大。花期 3—4 月，种子 10 月成熟。

应用价值：种子可用于榨工业用油。

生　　境：生于常绿阔叶树林中。

省内分布：湘南至湘西南偶见，汝城九龙江有群落。

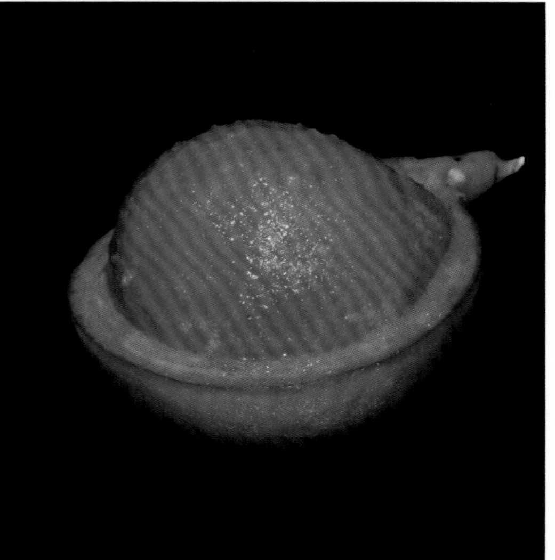

12　百日青

Podocarpus neriifolius D. Don【国二】

罗汉松科　罗汉松属

形态特征：常绿乔木；树皮灰褐色，成片状纵裂。叶螺旋状着生，披针形，厚革质，常微弯，长 7 ～ 15 cm。雄球花穗状，单生或 2 ～ 3 个簇生。种子卵圆形，熟时紫红色，种托肉质橙红色。花期 5 月，种子 10—11 月成熟。

生　　境：生于海拔 400 ～ 1000 m 的山地与阔叶树混生成林。

省内分布：汝城、桂东、宜章、江永。野外资源量极少。

13 福建柏

Chamaecyparis hodginsii (Dunn) Rushforth【国二】

柏科　福建柏属

形态特征：常绿乔木；树皮紫褐色，平滑。鳞叶 2 对交叉对生，成节状；鳞叶蓝绿色，下面具似眉毛状的白色气孔带。球果近球形。花期 3—4 月，种子翌年 10—11 月成熟。

应用价值：木材的边材淡红褐色，心材深褐色，纹理细致，坚实耐用，可供房屋建筑、桥梁、土木工程及家具等用材；可选作造林树种。

生　　境：生于海拔 100 ～ 1800 m 的温暖湿润的山地森林中。

省内分布：湘南。

14　篦子三尖杉

Cephalotaxus oliveri Mast.【国二】

红豆杉科　三尖杉属

形态特征：常绿灌木。树皮灰褐色。叶条形，质硬，平展成两列，长 1.5 ～ 5 cm，下面具 2 列白色气孔带。雄球花 6 ～ 7 朵聚生成头状花序。种子倒卵圆形，有长梗。花期 3—4 月，种子 8—10 月成熟。

应用价值：叶、枝、种子、根可提取多种植物碱，对治疗白血病及淋巴肉瘤等有一定疗效。

生　　境：生于海拔 300 ～ 1800 m 的阔叶树林或针叶树林内。

省内分布：湘南、湘中、湘西及湘西南，散生。

15 南方红豆杉

Taxus wallichiana var. *mairei*

(Lemee & H. Léveillé) L. K. Fu & *Nan Li* 【国一】

红豆杉科 红豆杉属

形态特征：常绿乔木；树皮条片脱落。叶多呈弯镰状，中脉带明晰可见，其色泽与气孔带相异。种子生于杯状红色肉质的假种皮中，多呈倒卵圆形，上部较宽。花期 4—5 月，果期 6—11 月。

应用价值：心材橘红色，边材淡黄褐色，纹理直，结构细，为上等木材；枝、叶、种子含紫杉醇，可抗癌；也可供园林观赏。

生　　境：生于海拔 400 ～ 1800 m 及以下的山地。

省内分布：全省分布，多散生。

16　穗花杉

Amentotaxus argotaenia (Hance) Pilger【国二】

红豆杉科　穗花杉属

形态特征：常绿小乔木；树皮片状脱落。叶基部扭转列成两列，条状披针形，上面绿色，下面白色气孔带与绿色边带等宽或较窄。种子椭圆形，成熟时假种皮鲜红色。花期 4 月，种子 10 月成熟。

应用价值：种子熟时假种皮红色、下垂，极美观，可作庭园树。

生　　境：生于海拔 400 ～ 1300 m 地带的阴湿溪谷两旁或林内。

省内分布：湘南、湘西南、湘东。极少见。

17 粤中八角
Illicium tsangii A. C. Smith

五味子科 八角属

形态特征：常绿灌木。叶近对生，有蜡质光泽，狭倒卵状椭圆形，无毛，下面在放大镜下可见密布棕色细小油点。花红色，芳香，腋生。果蓇葖 7 ～ 10 个，成熟后红色。花期 4—5 月，果期 7—8 月。

应用价值：可药用，有驱寒功效；亦可提取精油，用于香水、化妆品等。

生 境：生于干旱的树林或路边的灌丛中。

省内分布：汝城、江华、江永、宜章。

18　黑老虎

Kadsura coccinea (Lem.) A. C. Smith

五味子科　冷饭藤属

俗　　名：冷饭团

形态特征：木质藤本，全株无毛。叶革质，卵状披针形。花单生于叶腋，雌雄异株。雌雄花花被片红色。聚合果近球形，红色或暗紫色，径达 10 cm 或更长。花期 4—7 月，果期 7—11 月。

应用价值：根可药用，具行气活血、消肿止痛、治胃病等功效；果成熟后味甜，可食。

生　　境：生于海拔 500 ～ 2000 m 的林中。

省内分布：湘南、湘西北至湘西南散见。

19 南五味子

Kadsura longipedunculata Finet et Gagnep.

五味子科 冷饭藤属

形态特征：木质藤本，全株无毛。叶卵状长圆形，边有疏齿，上面具淡褐色透明腺点。花单生于叶腋，雌雄异株；雌雄花花被片白色或淡黄色。聚合果球形，成熟时红色，直径约 3 cm。花期 6—9 月，果期 9—12 月。

应用价值：茎、叶、果实可提取芳香油；果实可食。

生　　境：生于海拔 1000 m 以下的山坡、林中。

省内分布：全省常见。

20　五岭细辛

Asarum wulingense C. F. Liang

马兜铃科　细辛属

形态特征：多年生草本。叶片卵状椭圆形，稀三角状卵形，基部耳形或耳状心形，叶面绿色，偶有白色云斑，叶背密被棕黄色柔毛。花绿紫色，花被管圆筒状，外面被黄色柔毛，喉部缢缩或稍缢缩。花期 12 月至翌年 4 月。

应用价值：全株可入药，解表散寒，祛风止痛。

生　　境：生于海拔 1100 m 的林下阴湿地。

省内分布：湘南至湘西南散见。

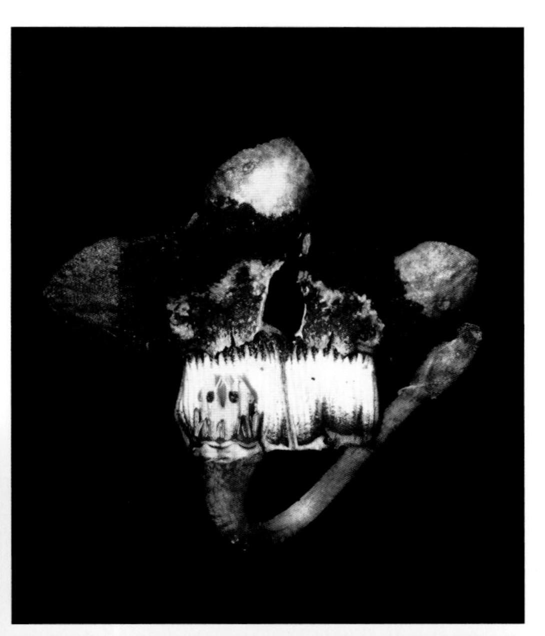

21 桂南木莲

Manglietia conifera Dandy

木兰科 木莲属

形态特征：常绿乔木；树皮灰色。叶革质，狭倒卵状椭圆形，无毛，上面深绿色，下面灰绿色。花向下弯垂，花被片外轮常绿色，质较薄；中内轮肉质，淡黄色。聚合果卵圆形，成熟后呈紫红色。花期5—6月，果期9—10月。

应用价值：庭园观赏树种。

生　　境：生于海拔700～1300 m的砂页岩山地、山谷潮湿处。

省内分布：湘南至湘西南散见。

22　广东木莲

Manglietia kwangtungensis (Merrill) Dandy

木兰科　木莲属

俗　　名：毛桃木莲

形态特征：常绿乔木；树皮深灰色。嫩枝、芽、幼叶等均密被锈褐色茸毛。叶革质，倒卵状椭圆形。花芳香，花被片乳白色。聚合果卵球形，蓇葖背面有疣状凸起，顶端具喙。花期5—6月，果期8—12月。

应用价值：庭园观赏树种。

生　　境：生于海拔400～1200 m的酸性山地黄壤上。

省内分布：汝城、资兴、宜章、桂东、新宁、城步。

23 乐昌含笑

Michelia chapensis Dandy

木兰科 含笑属

形态特征：常绿乔木；树皮灰色至深褐色。叶倒卵形，上面深绿色有光泽，边缘波状。花被片淡黄色，芳香。聚合果蓇卵圆形。花期 3—4 月，果期 8—9 月。

应用价值：庭园观赏树种。

生　　境：生于海拔 500 ～ 1500 m 的山地林间。

省内分布：全省。

24　金叶含笑

Michelia foveolata Merr. ex Dandy

木兰科　含笑属

形态特征：常绿乔木；树皮淡灰或深灰色；芽、幼枝、叶柄等密被黄褐色短茸毛。叶厚革质，椭圆状卵形，长可达 23 cm。花被片淡黄绿色，基部带紫色。蓇葖果长圆状椭圆形。花期 3—5 月，果期 9—10 月。

应用价值：叶具金色光泽，观赏价值高。

生　　境：生于海拔 500 ～ 1800 m 的阴湿林中。

省内分布：湘南、湘西南。

25 观光木

Michelia odora (Chun) Nooteboom & B. L. Chen【省级】

木兰科 含笑属

形态特征：常绿乔木；树皮淡灰褐色。小枝、芽、叶柄、花梗等均被黄棕色糙伏毛。叶片厚膜质，倒卵形；托叶痕达叶柄中部。花被片黄色，有红色小斑点，狭倒卵形。聚合果长椭圆体形，干时深棕色。花期 3 月，果期 10—12 月。

应用价值：树干挺直，树冠宽广，花色美丽而芳香，可作庭园观赏及行道树种。

生　　境：生于海拔 500 ～ 1000 m 的岩山地常绿阔叶林中。

省内分布：汝城、新宁、通道、江华、宜章、江永。

26　网脉琼楠
Beilschmiedia tsangii Merr.

樟科　琼楠属

俗　　名：牛奶奶果

形态特征：常绿乔木；树皮灰褐色或灰黑色。叶互生，革质，椭圆，干时上面灰褐色，小脉密网状。圆锥花序腋生；花白色或黄绿色，花被裂片阔卵形，外面被短柔毛。果椭圆形，有瘤状小凸点。花期6—8月，果期7—12月。

生　　境：生于山坡湿润混交林中。

省内分布：汝城九龙江。

27 川桂

Cinnamomum wilsonii Gamble【省级】

樟科 桂属

形态特征：常绿乔木；树皮暗灰色，近平滑。叶互生，卵圆状长圆形，革质，离基三出脉，中脉与侧脉两面凸起。圆锥花序腋生，少花，具梗。花白色，花被裂片卵圆形。果卵圆形。花期 4—5 月，果期 6 月以后。

应用价值：枝叶和果均含芳香油；树皮可入药，具补肾、散寒祛风的功效，治风湿筋骨痛、跌打及腹痛吐泻等。

生　　境：生于海拔 30 ～ 2400 m 的山谷或山坡阳处或沟边的疏林或密林中。

省内分布：全省散见。

28　滇粤山胡椒

Lindera metcalfiana Allen

樟科　山胡椒属

形态特征：常绿灌木或小乔木；树皮灰黑或淡褐色。叶互生，长椭圆形，先端常呈镰刀状，革质，羽状脉。花单性，雌雄异株；伞形花序 1 ～ 3 个生于叶腋短枝上。果球形，成熟时紫黑色。花期 3—5 月，果期 6—10 月。

生　　境：生于海拔 1200 ～ 2000 m 的山坡、林缘、路旁或常绿阔叶林中。

省内分布：汝城、通道、绥宁、城步、江永。

29 尖脉木姜子
Litsea acutivena Hay.

樟科 木姜子属

形态特征：常绿乔木；树皮褐色。叶互生或聚生枝顶，长圆状披针形，革质，下面有黄褐色短柔毛，羽状脉。花单性，雌雄异株；伞形花序生于当年生枝上端，簇生。果椭圆形，成熟时黑色。花期7—8月，果期12月至翌年2月。

生　　境：生于海拔 500 ～ 2500 m 的山地密林中。

省内分布：汝城、桂东、江华、通道。

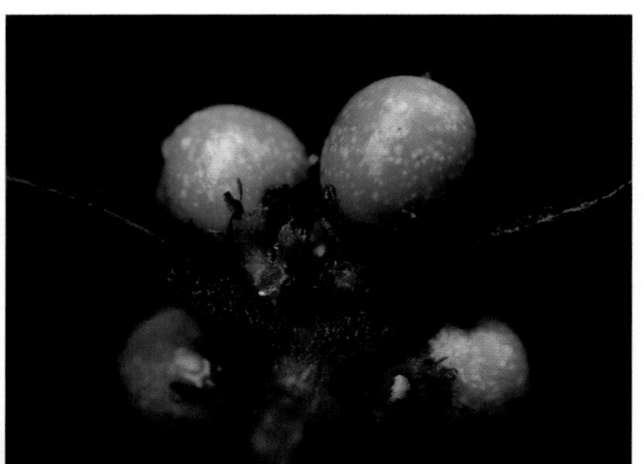

30　凤凰润楠

Machilus phoenicis Dunn

樟科　润楠属

形态特征：常绿乔木；树皮褐色，全株无毛。叶狭长椭圆形，厚革质，带红褐色。圆锥花序生近枝顶，花序梗红褐色。花被裂片近等长，长圆形，绿色，果期宿存。果近球形。花期4—5月，果期6—8月。

生　　境：生于海拔200 ～ 1500 m的混交林中。

省内分布：湘南至湘西南散见。

31 绒毛润楠

Machilus velutina Champ. ex Benth.

樟科 润楠属

形态特征：常绿乔木；枝、芽、叶下面和花序均密被锈色茸毛。叶狭倒卵形，革质。花序单独顶生或数个密集在小枝顶端，团伞状；花黄绿色，有香味，被锈色茸毛。果球形，成熟时紫红色。花期10—12月，果期翌年2—3月。

生　　境：生于山谷溪旁杂木林中，以及低海拔山坡或谷地疏林中。

省内分布：湘南、湘西南至湘西北散见。

32　闽楠

Phoebe bournei (Hemsl.) Yang【国二】

樟科　楠属

形态特征：常绿大乔木，树干通直，分枝少。叶革质或厚革质，倒披针形，羽状脉。圆锥花序生于新枝中下部；花被片卵形，黄绿色，果期宿存，紧贴果实基部。果椭圆形或长圆形。花期 4 月，果期 10—11 月。

应用价值：木材纹理直，结构细密，芳香，不易变形及虫蛀，也不易开裂，为建筑、高级家具等的良好用材。

生　　境：生于山地沟谷阔叶林中。

省内分布：全省散见。野生大径木材少，各地常有栽培。

33 灯台莲
Arisaema bockii Engler

天南星科 天南星属

形态特征：直立草本；块茎扁球形。叶 2 枚，鸟足状 5 ～ 7 裂，裂片卵形，全缘或具锯齿。佛焰苞片具淡紫色条纹，管部漏斗状；雄肉穗花序圆柱形，花疏。雌花序近圆锥形，花密。果序圆锥状，浆果黄色。花期 5 月，果期 8—9 月。

应用价值：可药用，具消肿止痛、燥湿祛痰、除风解痉等功效。

生　　境：生于海拔 650 ～ 1500 m 的山坡林下或沟谷岩石上。

省内分布：湘南至湘西北散见。

34　头花水玉簪

Burmannia championii Thw.

水玉簪科　水玉簪属

形态特征：一年生腐生草本；几全株白色。茎直立，高达 8 cm。茎生叶退化呈鳞片状，披针形，膜质，紧贴。花通常 2 ～ 12 朵簇生于茎顶呈头状；外轮花被裂片三角形，淡红棕色；内轮花被裂片圆匙。蒴果倒卵形。花期 7 月。

生　　境：生于潮湿的阔叶林中，常腐生于树根上。

省内分布：汝城、宜章、桂东。

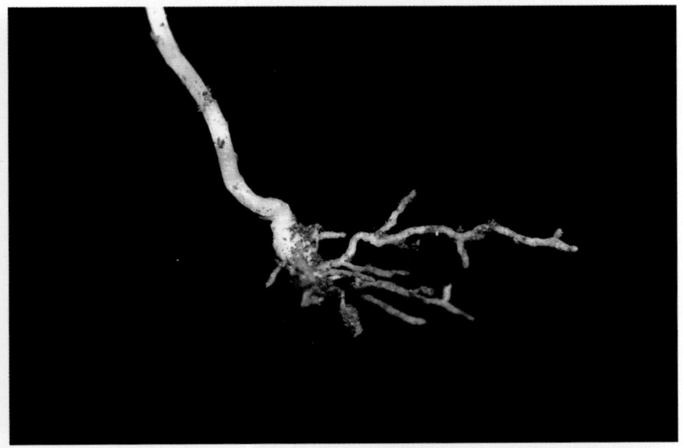

35 宽翅水玉簪

Burmannia nepalensis (Miers) Hook. f.

水玉簪科 水玉簪属

形态特征：一年生腐生小草本。茎纤细，高 8 ～ 11 cm，白色。叶退化呈鳞片状，椭圆形。花 1 ～ 2 朵生于茎顶，直立，翅显著，白色，常染黄；外轮花被裂片三角状椭圆形。蒴果近球形，横裂。花、果期 8—12 月。

生 境：生于林下潮湿地上。

省内分布：汝城、江华、蓝山、苏仙、炎陵、宁远、桂东、东安。

36　多枝霉草

Sciaphila ramosa Fukuyma et Suzuk

霉草科　霉草属

形态特征：一年生腐生草本，淡红色，无毛。茎细，直立，分枝多，连同花序高约 12 cm。叶鳞片状，先端尖头。花雌雄同株，花序头状，疏松排列 3 ～ 7 朵花。花被 6 裂，内弯，卵状披针形。花、果期 6— 8 月。

生　　境：生于海拔 300 m 左右的阔叶林下阴凉潮湿处。

省内分布：汝城、宜章、桂东。

37 大柱霉草
Sciaphila megastyla Thwaites ex Bentham

霉草科 霉草属

形态特征：腐生草本，淡红色，无毛。根多，稍成束。茎连花序高 4 ～ 12 cm。叶少数，鳞片状。花雌雄同株。总状花序短而直立，疏松排列 3 ～ 9 朵花。花被大多 6 裂，裂片钻形。花期 5—6 月。

生 境：生于海拔 300 m 左右的阔叶林下阴凉潮湿处。

省内分布：汝城九龙江，极少见。

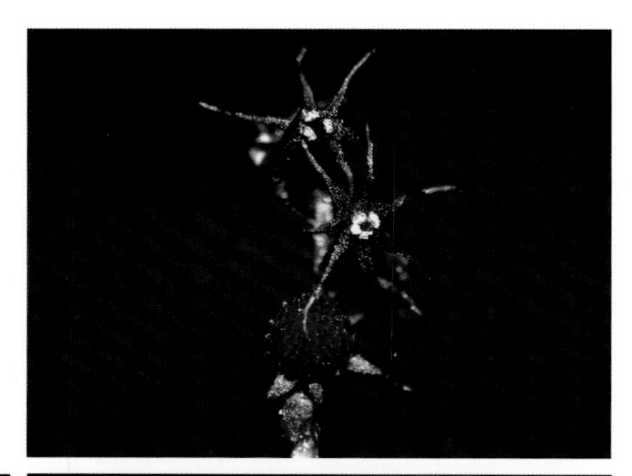

38　华重楼

Paris polyphylla var. *chinensis* (Franch.) Hara【国二】

藜芦科　重楼属

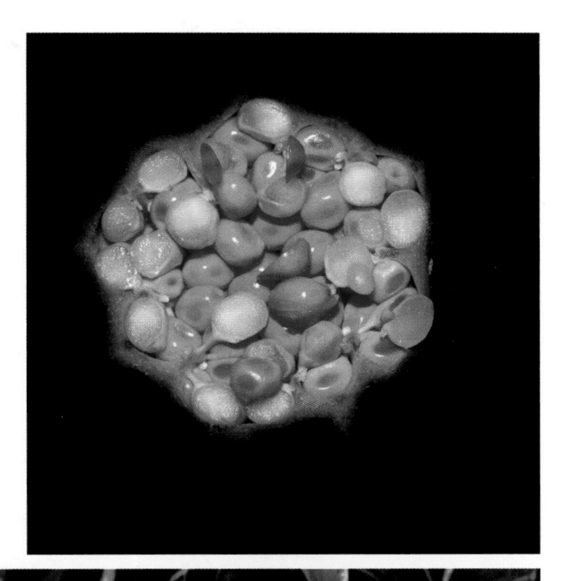

形态特征：多年生草本；根状茎肉质，圆柱状。叶5～8枚轮生，倒披针形。外轮花被片绿色，狭卵状披针形，内轮花被片狭条形，比外轮稍长。花药长为花丝的3～4倍。花期5—7月，果期8—10月。

应用价值：可药用，具清热解毒、消肿止疼、平喘止咳等功效，还有抗癌作用。

生　　境：生于海拔600～1350 m的林下阴处或沟谷边的草丛中。

省内分布：湘南、湘西南至湘西北。野外采挖严重，少见。

39 少花万寿竹

Disporum uniflorum Baker ex S. Moore

秋水仙科 万寿竹属

形态特征：多年生草本；根状茎肉质，横出；茎直立。叶薄纸质至纸质，椭圆披针形，脉上和边缘有乳头状突起。花黄色，1 ～ 5 朵着生于分枝顶端；花被片近直出，倒卵状披针形。浆果椭圆形或球形。花期 3—6 月，果期 6—11 月。

应用价值：根状茎供药用，具益气补肾、润肺止咳的功效。

生　　境：生于海拔 600 ～ 2500 m 的林下或灌木丛中。

省内分布：全省散见。

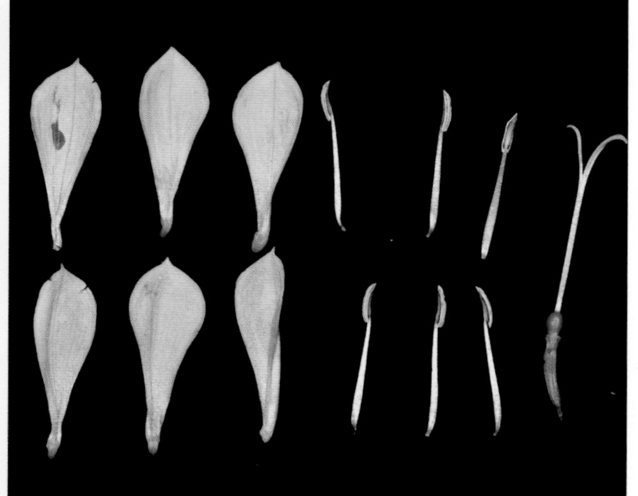

40　野百合

Lilium brownie F. E. Brown ex Miellez

百合科　百合属

形态特征：多年生草本；鳞茎球形；茎直立。叶散生，披针形至条形，全缘无毛。花单生或几朵排成近伞形，花喇叭形，有香气，乳白色，外面稍带紫色，向外张开；雄蕊向上弯，柱头3裂。蒴果矩圆形。花期5—6月，果期9—10月。

应用价值：鳞茎含丰富淀粉，可食用；亦可作药用。

生　　境：生于海拔100 ～ 2150 m的山坡、灌木林下、路边、溪旁或石缝中。

省内分布：全省散见。

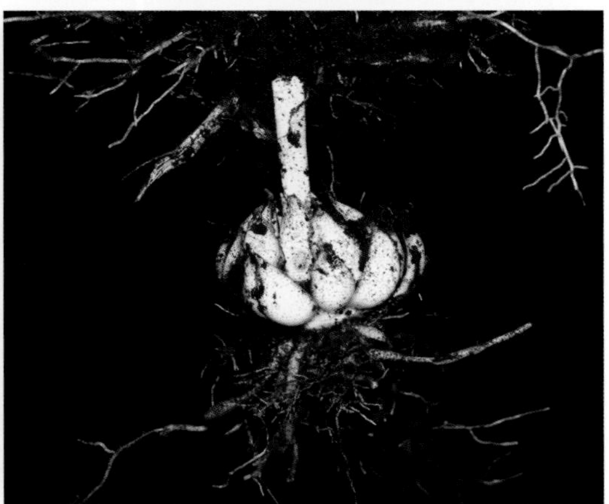

41 卷丹

Lilium lancifolium Thunb.

百合科 百合属

形态特征：多年生草本；鳞茎近宽球形；茎直立。花 3 ～ 6 朵或更多。花下垂，花被片披针形，反卷，橙红色，有紫黑色斑点。雄蕊四面张开，花丝淡红色，无毛。蒴果狭长卵形。花期 7—8 月，果期 9—10 月。

应用价值：鳞茎富含淀粉，可食用；亦可药用；花含芳香油，可作香料。

生　　境：生于海拔 400 ～ 2500 m 的山坡灌木林下、草地、路边或水旁。

省内分布：湘南、湘西南至湘西北。少见。

42　油点草

Tricyrtis macropoda Miq.

百合科　油点草属

形态特征：多年生直立草本；茎上部及叶被短糙毛。叶矩圆状披针形。花序顶生或生于上部叶腋，花被片绿白色或白色，内面密布紫红色斑点，卵状椭圆形至披针形，开放后自中下部向下反折。蒴果直立。花、果期6—10月。

应用价值：根可药用，主治肺虚咳嗽。

生　　境：生于海拔800～2400 m的山地林下、草丛中或岩石缝隙中。

省内分布：全省散见。

43　金线兰

Anoectochilus roxburghii (Wall.) Lindl.【国二】

兰科　开唇兰属

俗　　名：花叶开唇兰、金线莲

形态特征：多年生地生兰；高 8~18cm。叶片卵圆形或卵形，上面具金红色带有绢丝光泽的美丽网脉。总状花序具 2 ～ 6 朵花；花常白色，花瓣近镰刀状，唇瓣呈“Y”字形，两侧各具 6 ～ 8 条流苏状细裂条。花期 8—12 月。

应用价值：全株可作药用，有抗炎、镇痛和镇静等作用。

生　　境：生于海拔 50 ～ 1600 m 的常绿阔叶林下或沟谷阴湿处。

省内分布：全省。野外资源量极少。与浙江金线兰（*A.zhenjiangens*）极相似（见左下图）。

44　竹叶兰

Arundina graminifolia (D. Don) Hochr.

兰科　竹叶兰属

形态特征：多年生地生兰；高 40 ～ 80cm；茎直立，数根丛生。叶线状披针形。花序总状或圆锥状，具 2 ～ 10 朵花。花粉红色或略带紫色。花瓣卵状椭圆形，唇瓣轮廓近长圆状卵形，3 裂。蒴果近长圆形。花、果期主要为 7—11 月。

应用价值：全株可药用，有清肺、解毒之效。

生　　境：生于海拔 400 ～ 2800 m 的草坡、溪谷旁、灌丛下或林中。

省内分布：湖南至湘西南较常见。

45 白及

Bletilla striata (Thunb. ex Murray) Rchb. f. 【国二】

兰科 白及属

形态特征：多年生草本；假鳞茎扁球形，具环带。叶 4 ～ 6 枚，狭长圆形，基部收狭成鞘。花序具 3 ～ 10 朵花。花紫红色或粉红色；萼片和花瓣近等长，花瓣倒卵状椭圆形，白色带紫红色；唇盘上面具 5 条纵褶片。花期 4—5 月。

应用价值：假鳞茎可药用，收敛止血、消肿生肌。

生　　境：生于海拔 100 ～ 3200 m 的常绿阔叶林或针叶林下、路边草丛或岩石缝中。

省内分布：全省散见。

46　瘤唇卷瓣兰
Bulbophyllum japonicum (Makino) Makino

兰科　石豆兰属

形态特征：多年生附生兰；假鳞茎卵球形。叶革质，长圆形或有时斜长圆形，通常长 3 ～ 4.5 cm。伞形花序常具 2 ～ 4 朵花，花紫红色。中萼片卵状椭圆形，侧萼片披针形。花瓣近匙形；唇瓣舌状，先端呈拳卷状弯曲。花期 6 月。

生　　境：生于海拔 600 ～ 1500 m 的山地阔叶林中树干上或沟谷阴湿岩石上。

省内分布：湘西南至湘南散见。

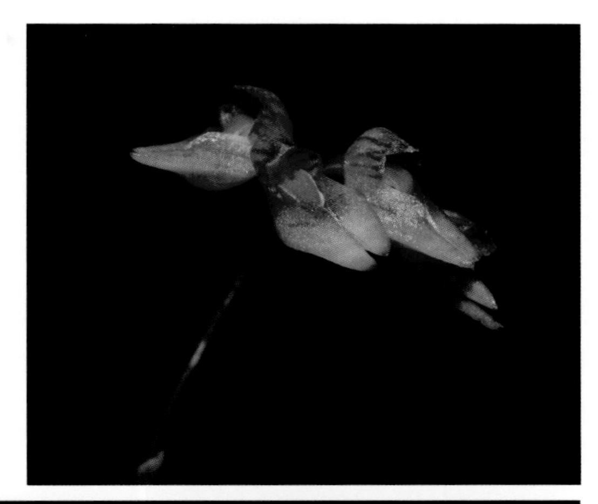

47 齿瓣石豆兰
Bulbophyllum levinei Schltr.

兰科 石豆兰属

形态特征：多年生附生兰；假鳞茎近圆柱形或瓶状，顶生 1 枚叶。叶薄革质，狭长圆形。总状花序缩短呈伞状，常具 2 ～ 6 朵花；花白色带紫色；花瓣靠合于萼片，卵状披针形，唇瓣中部以下具凹槽，向外下弯。花期 5—8 月。

应用价值：可药用，有滋阴降火、清热消肿等功效。

生　　境：生于海拔 800 m 的山地林中树干上或沟谷岩石上。

省内分布：湘南至湘西南散见。

48　钩距虾脊兰

Calanthe graciliflora Hayata

兰科　虾脊兰属

形态特征：多年生地生兰，假鳞茎近卵球形。叶椭圆状披针形，长达 33cm，基部有长柄，两面无毛。花葶长达 70cm。总状花序长达 32cm，疏生多数花，无毛；花梗白色，萼片和花瓣在背面褐色，内面淡黄色；唇瓣 3 裂。花期 3—5 月。

应用价值：可药用，有清热解毒、活血止痛等功效。

生　　境：生于海拔 600 ～ 1500 m 的山谷溪边、林下等阴湿处。

省内分布：全省散见。

49 西南虾脊兰
Calanthe herbacea Lindl.

兰科 虾脊兰属

形态特征：多年生地生兰；假鳞茎短。叶椭圆状披针形，具叶柄。花葶直立，总状花序疏生10朵花。萼片和花瓣黄绿色，反折；唇瓣与整个蕊柱翅合生，3深裂，基部具成簇的黄色瘤状附属物；蕊柱白色。花期6—8月。

生　　境：生于海拔1500～2100 m的山地沟谷边或密林下阴湿处。

省内分布：汝城、宜章。

50　乐昌虾脊兰
Calanthe lechangensis Z. H. Tei et T. Tang

兰科　虾脊兰属

形态特征：多年生地生兰；假鳞茎圆锥形。叶宽椭圆形，具叶柄。花葶直立，总状花序疏生 4 ～ 5 朵花。花浅红色，唇瓣倒卵状圆形，基部具爪，与整个蕊柱翅合生，3 裂。花期 3—4 月。

应用价值：可药用，消肿止痛、拔毒生肌；外治疮疡肿毒、异物刺入肉等病症。

生　　境：生于海拔 500 ～ 700 m 的林下沟谷湿润处。

省内分布：汝城、江永、宜章。

51 金兰

Cephalanthera falcata (Thunb. ex A. Murray) Bl.

兰科 头蕊兰属

形态特征：直立地生兰，高 20 ～ 50cm。叶 4 ～ 7 枚，卵状披针形。总状花序具 5 ～ 10 朵花。花黄色，萼片菱状椭圆形；唇瓣 3 裂。蒴果狭椭圆状。花期 4—5 月，果期 8—9 月。

应用价值：可药用，花有祛风、健脾、清热、泻火及活血等功效。

生　　境：生于海拔 700 ～ 1600 m 的林下、灌丛中、草地上或沟谷旁。

省内分布：全省散见。

52　中华叉柱兰

Cheirostylis chinensis Rolfe

兰科　叉柱兰属

形态特征：多年生地生兰；根状茎匍匐，呈毛虫状。叶片卵形，绿色，膜质。花茎顶生，总状花序具 2 ～ 5 朵花，花小，花瓣白色，膜质，狭倒披针状长圆形，唇瓣白色，直立，2 裂，裂片边缘具 4 ～ 5 枚不整齐的齿。花期 1—3 月。

应用价值：可药用，内服清热解毒，外用跌打损伤。

生　　境：生于海拔 200 ～ 800 m 的山坡或溪旁林下的潮湿石上覆土中或地上。

省内分布：汝城。

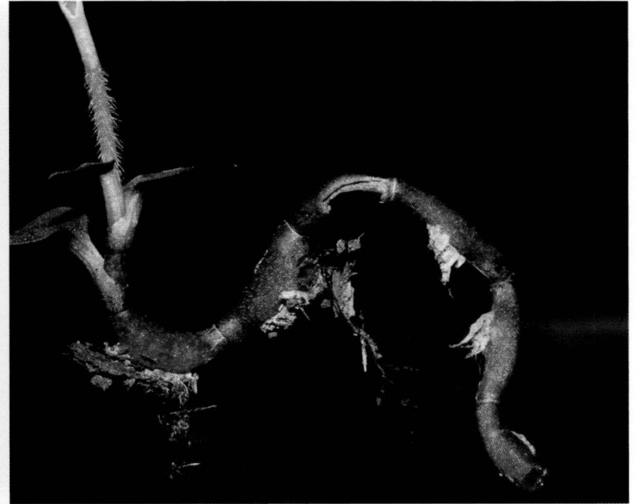

53 大序隔距兰

Cleisostoma paniculatum (Ker~Gawl.) Garay

兰科 隔距兰属

形态特征：多年生附生草本。叶革质，紧靠、二列互生，带状。圆锥花序具多数花；萼片和花瓣在背面黄绿色，内面紫褐色，边缘和中肋黄色；中萼片近长圆形，凹的。唇瓣黄色，3 裂。距黄色，圆筒状。花期 5—9 月。

生　　境：生于海拔 240 ～ 1240 m 的常绿阔叶林中树干上或沟谷林下岩石上。

省内分布：湘南至湘西南偶见。

54 流苏贝母兰

Coelogyne fimbriata Lindl.

兰科 贝母兰属

形态特征：多年生附生兰；假鳞茎顶端生 2 枚叶。叶长圆形，纸质。总状花序通常具 1 ～ 2 朵花，花淡黄色或近白色，仅唇瓣上有红色斑纹；花瓣与萼片近等长，唇瓣卵形，3 裂。蒴果倒卵形。花期 8—10 月，果期翌年 4—8 月。

应用价值：假鳞茎、叶可入药，具养阴清肺、化痰止咳、平肝镇静的功效。

生 境：生于海拔 500 ～ 1200 m 的溪旁岩石上或林中、林缘树干上。

省内分布：湘南散见。

55 台湾吻兰

Collabium formosanum Hayata

兰科 吻兰属

形态特征：多年生地生兰；假鳞茎疏生于根状茎上，圆柱形。叶卵状披针形，边缘波状，具许多弧形脉。总状花序疏生 4 ～ 9 朵花；萼片和花瓣绿色，侧萼片镰刀状；唇瓣白色带红色斑点和条纹，近圆形。花期 5—9 月。

生　　境：生于海拔 450 ～ 1600 m 的山坡密林下或沟谷林下岩石边。

省内分布：湘南、湘西南至湘西北散见。

56　杜鹃兰

Cremastra appendiculata (D. Don) Makino【国二】

兰科　杜鹃兰属

形态特征：多年生地生兰，假鳞茎卵球形或近球形。叶通常 1 枚，生于假鳞茎顶端，狭椭圆形。总状花序具 5 ～ 22 朵花；花有香气，狭钟形，淡紫褐色。蒴果近椭圆形，下垂。花期 5—6 月，果期 9—12 月。

应用价值：假鳞茎可作药用，有清热解毒、化痰散结等功效。

生　　境：生于海拔 500 ～ 2900 m 的林下湿地或沟边湿地上。

省内分布：全省偶见。

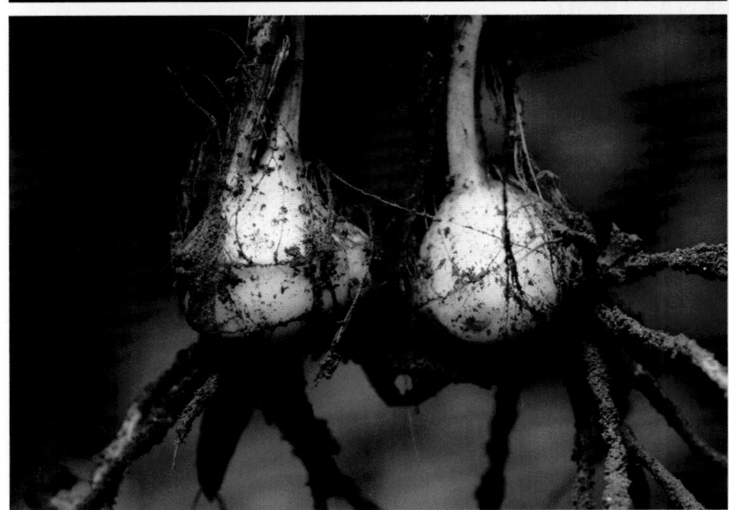

57 建兰
Cymbidium ensifolium (L.) Sw.【国二】

兰科 兰属

形态特征：多年生地生兰，假鳞茎卵球形。叶 2 ～ 6 枚，带形。总状花序具 3 ～ 13 朵花。花常有香气，色泽变化较大，通常为浅黄绿色而具紫斑；萼片近狭长圆形，花瓣狭椭圆形，唇瓣近卵形。蒴果狭椭圆形。花期通常为 6—10 月。

应用价值：可入药，具清肺除热、消痰止咳的功效；亦可观赏。

生　　境：生于海拔 600 ～ 1800m 的疏林下、灌丛中、山谷旁或草丛中。

省内分布：全省散见。野外资源量少。

58　多花兰

Cymbidium floribundum Lindl.【国二】

兰科　兰属

形态特征：多年生附生兰，假鳞茎近卵球形。叶通常 5 ～ 6 枚，带形，坚纸质。花序通常具 10 ～ 40 朵花。萼片与花瓣红褐色唇瓣近卵形，3 裂。蒴果近长圆形。花期 4—8 月。

应用价值：根及根茎可入药，具润肺止咳、清热利湿的功效；也可盆栽供室内观赏 。

生　　境：生于海拔 100 ～ 3300 m 的林中或林缘树上，或溪谷旁透光的岩壁上。

省内分布：全省散见。

59　春兰

Cymbidium goeringii (Rchb. f.) Rchb. F.【国二】

兰科　兰属

形态特征：多年生地生兰，假鳞茎较小。叶 4 ～ 7 枚，带形，通常较短小，下部常对折。花序具单朵花，色泽通常为绿色或淡褐黄色，有香气；萼片近长圆形至长圆状倒卵形，唇瓣近卵形。蒴果狭椭圆形。花期 1—3 月。

应用价值：具极佳的观赏价值；也可药用，具滋阴清肺、化痰止咳的功效。

生　　境：生于海拔 300 ～ 2200 m 的多石山坡、林缘、林中透光处。

省内分布：全省散见。

60　寒兰

Cymbidium kanran Makino【国二】

兰科　兰属

形态特征：多年生地生兰，假鳞茎狭卵球形。叶 3 ～ 7 枚，带形，薄革质。总状花序疏生 5 ～ 12 朵花，花常为淡黄绿色而具淡黄色唇瓣，常有浓烈香气；萼片近线形，花瓣常为狭卵形，唇瓣近卵形，具不明显的 3 裂。花期 8—12 月。

应用价值：具较高的观赏价值；可药用，久服益气、生血、调气养容。

生　　境：生于海拔 400 ～ 2400 m 的林下、溪谷旁或稍荫蔽、湿润、多石的土壤上。

省内分布：全省散见。

61 兔耳兰

Cymbidium lancifolium Hook. f.【省级】

兰科 兰属

形态特征：多年生半附生植物，假鳞茎顶端聚生2～4枚叶。叶狭椭圆形。花序具2～6朵花，花通常白色至淡绿色，花瓣上有紫栗色中脉，唇瓣上有紫栗色斑。蒴果狭椭圆形。花期5—8月。

应用价值：可药用，具润肺的功效，治肺燥咳嗽、便秘等症。

生　　境：生于海拔300～2200 m的疏林下、竹林下、阔叶林下、林缘或溪谷旁的岩石上、树上或地上。

省内分布：湘南、湘西南至湘西北偶见。

62　重唇石斛

Dendrobium hercoglossum Rchb. f.【国二】

兰科　石斛属

形态特征：多年生附生兰；茎下垂，圆柱形。叶薄革质，长圆状披针形。总状花序通常数个，常具 2 ～ 3 朵花，萼片和花瓣淡粉红色；前唇淡粉红色，较小。花期 5—6 月。

应用价值：茎可入药，具清热养阴、生津益胃的功效。

生　　境：生于海拔 590 ～ 1260 m 的山地密林中树干上或山谷湿润岩石上。

省内分布：湘南至湘西南稀见。

63 单叶厚唇兰

Epigeneium fargesii (Finet) Gagnep.【国二】

兰科 厚唇兰属

俗　　名：千年老鼠屎

形态特征：多年生附生兰；根状茎匍匐，密被栗色筒状鞘。假鳞茎斜立，顶生 1 枚叶。叶厚革质，宽卵状椭圆形，中央凹入。花序生于假鳞茎顶端，具单朵花；萼片和花瓣淡粉红色；唇瓣几乎为白色，小提琴状。花期通常 4—5 月。

应用价值：可药用，具祛风湿、镇痛等功效，可治跌打损伤、腰肌劳损等症。

生　　境：生于海拔 400 ～ 2400 m 的沟谷岩石上或山地林中树干上。

省内分布：湘南、湘西南至湘西北偶见。

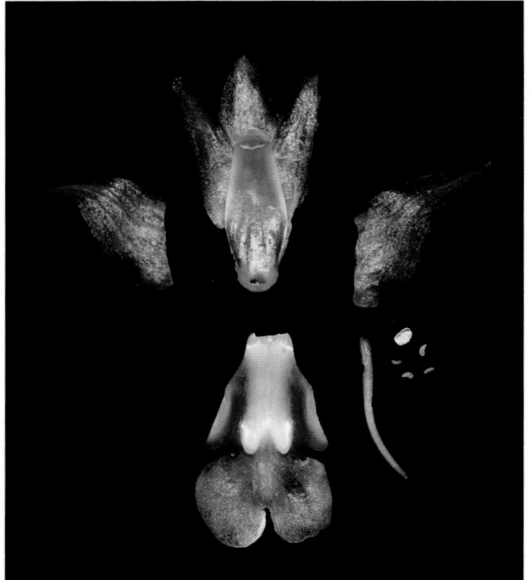

64　钳唇兰

Erythrodes blumei (Lindl.) Schltr.

兰科　钳唇兰属

形态特征：多年生地生兰；根状茎伸长，匍匐，具节。茎下部具 3 ～ 6 枚叶。叶片卵形，具 3 条明显的主脉。总状花序顶生，具多数密生的花。花瓣倒披针形，红褐色；距下垂，近圆筒状。花期 4—5 月。

应用价值：可药用，具补肺生肌、化瘀止血等功效。

生　　境：生于海拔 400 ～ 1500 m 的山坡或沟谷常绿阔叶林下阴处。

省内分布：汝城、道县。

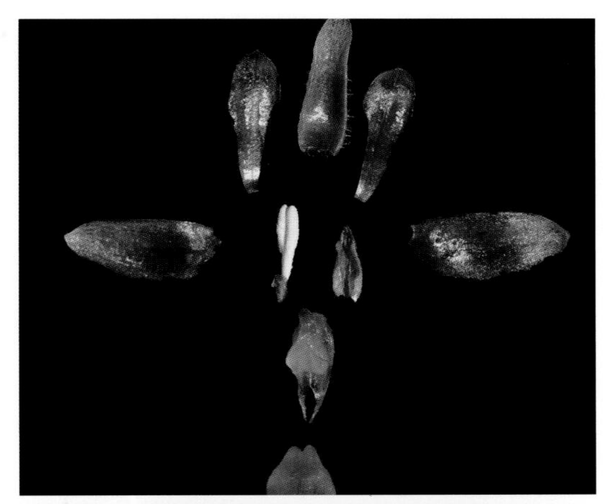

65　多叶斑叶兰

Goodyera foliosa (Lindl.) Benth.

兰科　斑叶兰属

形态特征：多年生地生兰，高 15 ～ 25cm。茎直立，具 4 ～ 6 枚叶。叶片卵形至长圆形。总状花序具几朵至多朵密生而常偏向一侧的花，花中等大，半张开，白色带粉红色、白色带淡绿色或近白色；唇瓣囊半球形。花期 7—9 月。

应用价值：可药用，有清热解毒、活血消肿之效，可治肺痨、肝炎、毒蛇咬伤等症。

生　　境：生于海拔 300 ～ 1500 m 的林下或沟谷阴湿处。

省内分布：湘南、湘西南至湘西北偶见。

66　橙黄玉凤花
Habenaria rhodocheila Hance

兰科　玉凤花属

形态特征：多年生地生或附生兰；块茎长圆形，肉质。叶片线状披针形至近长圆形。总状花序具 2 ～ 10 余朵疏生的花；萼片和花瓣绿色，唇瓣橙黄色、橙红色或红色；唇瓣向前伸展，似展翅的飞机。花期 7—8 月，果期 10—11 月。

应用价值：可药用，具清热解毒、活血止痛的功效；具有较高的观赏价值。

生　　境：生于海拔 300 ～ 1500 m 的山坡或沟谷林下阴处地上或岩石上覆土中。

省内分布：湘南至湘西南偶见。

67 全唇盂兰
Lecanorhis nigricans Honda

兰科 盂兰属

形态特征：多年生地生兰；具坚硬的根状茎。茎直立，常分枝，无绿叶，具数枚鞘。总状花序顶生，具数朵花，花淡紫色；花被下方的浅杯状物很小；花瓣，唇瓣萼片狭倒披针形。花期不定，多为夏秋。

应用价值：全草均可入药，具养阴润肺、清热解毒等功效。

生　　境：生于海拔 600 ～ 1000 m 的林下阴湿处。

省内分布：汝城、宜章、通道、宁远、桂东。

68　镰翅羊耳蒜
Liparis bootanensis Griff.

兰科　羊耳蒜属

形态特征：多年生附生兰；假鳞茎密集，顶端生1枚叶。叶狭长圆状倒披针形。总状花序具数朵至20余朵花；花通常黄绿色；花瓣狭线形，唇瓣近宽长圆状倒卵形；蕊柱上部两侧各有1翅。花期8—10月，果期3—5月。

应用价值：可药用，具着凉血止血、清热解毒的功效。

生　　境：生于海拔800 ～ 2300 m的林缘、林中或山谷阴处的树上或岩壁上。

省内分布：湘南、湘西南至湘西北散见。

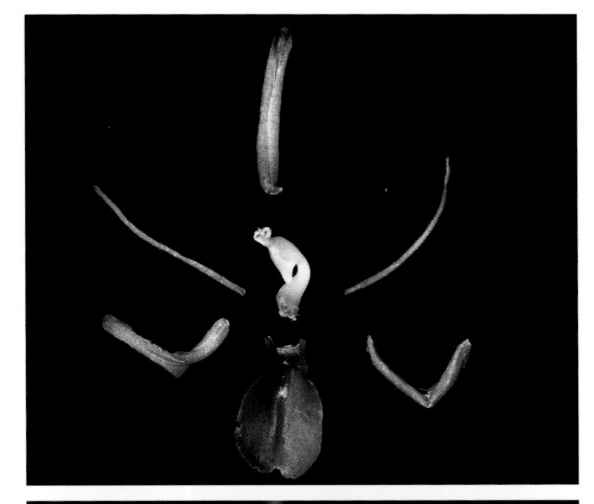

69 羊耳蒜

Liparis japonica (Miq.) Maxim.

兰科　羊耳蒜属

形态特征：多年生地生草本，假鳞茎卵形。叶 2 枚，近椭圆形，膜质或草质。总状花序具数朵至 10 余朵花；花通常淡绿色；萼片线状披针形，唇瓣近倒卵形，蒴果倒卵状长圆形。花期 6—8 月，果期 9—10 月。

应用价值：可药用，具活血止血、消肿止痛的功效，可治扁桃体炎、跌打损伤等。

生　　境：生于海拔 1100 ～ 2750 m 的林下、灌丛中或草地荫蔽处。

省内分布：湘南、湘西南至湘西北偶见。

70　见血青

Liparis nervosa (Thunb. ex A. Murray) Lindl.

兰科　羊耳蒜属

形态特征：多年生地生兰；茎圆柱状，肉质，有数节。叶 2 ～ 5 枚，卵形至卵状椭圆形，膜质或草质。总状花序通常具数朵至 10 余朵花，侧萼片狭卵状，花瓣丝状，唇瓣长圆状倒卵形。蒴果倒卵状长圆形。花期 2—7 月，果期 10 月。

应用价值：全草入药，具清热解毒、凉血止血的功效。

生　　境：生于海拔 500 ～ 1200 m 的山地林下。

省内分布：全省散见。

71 小沼兰

Malaxis microtatantha (Schltr.) T. Tang et F. T. Wang

兰科 小沼兰属

形态特征：地生小草本；假鳞茎小，卵形。叶 1 枚，卵形。花葶直立，略压扁，两侧具很狭的翅；总状花序常具 10 ～ 20 朵花；花很小，黄色，侧萼片三角状卵形，花瓣线状披针形，唇瓣位于下方，披针状三角形。花期 4 月。

应用价值：可药用，具补脾润肺、止血生津之效。

生　　境：生于海拔 200 ～ 600 m 的林下或阴湿处的岩石上。

省内分布：全省偶见。

72　腐生齿唇兰

Odontochilus saprophyticus (Aver.) Ormer.

兰科　齿唇兰属

形态特征：腐生兰，植物无色素叶。茎直立，粉棕色，无叶。花萼片橄榄粉棕色，在外表面上短柔毛；背侧萼片与花瓣靠合，形成帽状；花瓣白色，狭长圆形；唇白，T 形；舌状愈伤组织在基部。花期 5—6 月。

生　　境：生于海拔 600 ～ 900 m 的林下或水边湿润荫蔽处。

省内分布：汝城九龙江。

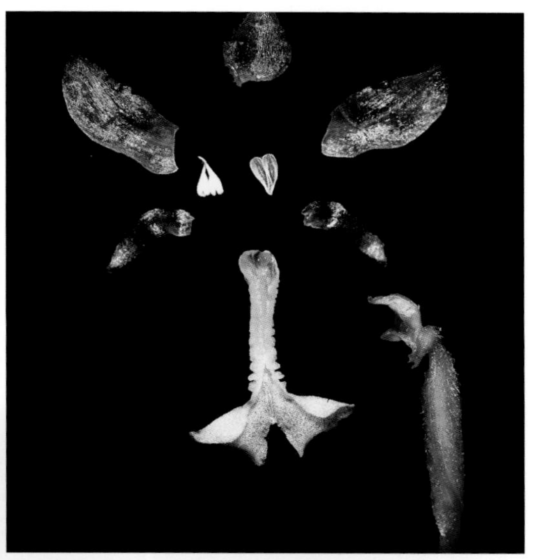

73 长须阔蕊兰

Peristylus calcaratus (Rolfe) S. Y. Hu

兰科 阔蕊兰属

形态特征：地生兰。茎近基部具 3 ～ 4 枚集生的叶，叶片椭圆状披针形。总状花序具多数花。花小，淡黄绿色；萼片长圆形，花瓣直立伸展；唇瓣 3 深裂，侧裂片与中裂片约成 90 度的夹角，丝状，弯曲。花期 7—9 月。

应用价值：具一定的观赏价值。

生　　境：生于海拔 500 ～ 1000 m 的山坡草地或林下。

省内分布：汝城、桂东、洪江。

74　狭穗阔蕊兰

Peristylus densus (Lindl.) Santap. et Kapad.

兰科　阔蕊兰属

形态特征：地生兰；茎近基部具 4 ～ 6 枚叶。叶片长圆状披针形。总状花序具多数密生的花。花小，带绿黄色或白色；花瓣直立，狭卵状长圆形；唇瓣 3 裂，侧裂片线形或线状披针形。花期 7—9 月。

应用价值：块茎可入药，主治头晕目眩。

生　　境：生于海拔 600 ～ 1300 m 的山坡林下或草丛中。

省内分布：湘南至湘西南偶见。

75　黄花鹤顶兰

Phaius flavus (Bl.) Lindl.【省级】

兰科　鹤顶兰属

形态特征：多年生地生兰。叶 4 ～ 6 枚，紧密互生于假鳞茎上部，通常具黄色斑块，长椭圆形或椭圆状披针形。总状花序具数朵至 20 朵花，花柠檬黄色；萼片卵形，花瓣长圆状倒披针形，唇瓣倒卵形。花期 4—6 月。

应用价值：茎可药用，具清热止咳、活血止血的功效。

生　　境：生于海拔 300 ～ 1100 m 的山坡林下阴湿处。

省内分布：湘南、湘西南至湘西北散见。

76　鹤顶兰

Phaius tankervilleae (Banks ex L'Herit.) Bl.【省级】

兰科　鹤顶兰属

形态特征：多年生地生兰。叶 2 ～ 6 枚，互生于假鳞茎的上部，长圆状披针形。总状花序具多数花；花大，美丽，背面白色，内面暗赭色或棕色；唇瓣背面白色带茄紫色的前端，内面茄紫色带白色条纹。花期 3—6 月。

应用价值：可药用，有祛痰止咳之效。

生　　境：生于海拔 600 ～ 800 m 的林缘、沟谷或溪边阴湿处。

省内分布：汝城九龙江。

77　细叶石仙桃

Pholidota cantonensis Rolfe.

兰科　石仙桃属

形态特征：根状茎匍匐；假鳞茎狭卵形，顶端生2枚叶。叶线形或线状披针形，纸质。总状花序通常具10余朵花；花小，白色或淡黄色；花瓣宽卵状菱形，唇瓣宽椭圆形；蒴果倒卵形。花期4月，果期8—9月。

应用价值：全草可入药，具有清热凉血、滋阴润肺的功效。

生　　境：生于海拔200～1000 m的林中或荫蔽处的岩石上。

省内分布：湘南、湘西南、湘东散见。

78　石仙桃

Pholidota chinensis Lindl.

兰科　石仙桃属

形态特征：状茎粗壮，匍匐。叶 2 枚，生于假鳞茎顶端，倒卵状椭圆形。总状花序具数朵至 20 余朵花；花白色或带浅黄色；花瓣披针形，唇瓣轮廓近宽卵形。蒴果倒卵状椭圆形，有 6 棱。花期 4—5 月，果期 9 月至翌年 1 月。

应用价值：可药用，具有养阴润肺、清热解毒、利湿、消瘀的功效。

生　　境：生于海拔 400 ～ 700 m 的林缘树干或沟谷石壁上。

省内分布：汝城、通道、江永、江华。

79 华南舌唇兰

Platanthera australis L. Wu, X. L. Yu, H. Z. Tian & J. L. Luo

兰科 舌唇兰属

形态特征：地生兰。茎下部叶片最大，卵状椭圆形，向上逐渐变为小苞片。总状花序疏生 10 ～ 20 余朵花，花黄绿色，唇瓣向前弯曲近 180° 而与萼片靠合。花期 5—7 月。

生　　境：生于海拔 1000 ～ 1400 m 的山地林下或路边湿润石壁的覆土上。

省内分布：汝城、宜章、桂东、新宁。

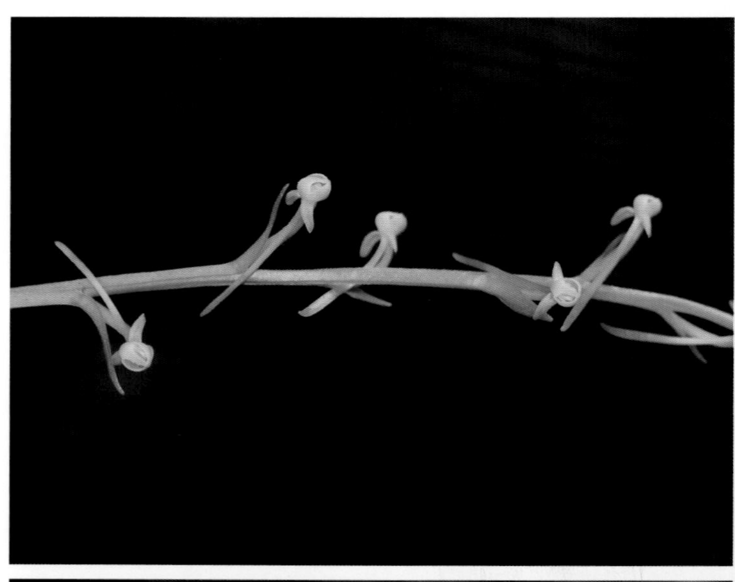

80　台湾独蒜兰

Pleione formosana Hayata【国二】

兰科　独蒜兰属

形态特征：半附生或附生草本。假鳞茎，顶端具1枚叶。叶椭圆形或倒披针形，纸质。花葶顶端通常具1～2朵花；花白色至粉红色，唇瓣色泽常略浅于花瓣，上面具有黄色、红色或褐色斑，有时略芳香。花期3—4月。

应用价值：具较高的观赏价值。

生　　境：生于海拔600～1500m的林下或湿润石壁上。

省内分布：全省偶见。

81 苞舌兰
Spathoglottis pubescens Lindl.

兰科 苞舌兰属

形态特征：假鳞茎扁球形，顶生 1 ～ 3 枚叶。叶带状或狭披针形。总状花序疏生 2 ～ 8 朵花，花黄色，萼片椭圆形，花瓣宽长圆形，唇瓣 3 裂；侧裂片直立，镰刀状长圆形。花期 7—10 月。

应用价值：假鳞茎可入药，可治肺热咳嗽、咳痰不利、跌打损伤等。

生　　境：生于海拔 200 ～ 1200 m 的山坡草丛中或湿润岩壁的覆土中。

省内分布：湘南至湘西南散见。

82　香港绶草

Spiranthes hongkongensis S. Y. Hu & Barretto

兰科　绶草属

形态特征：地生兰。叶 2 ～ 6 枚，直立平展，线形至倒披针形。花序直立，有许多呈螺旋状排列的花；花瓣有时微染淡粉红色，长圆形，纹理薄，先端钝；唇部宽长圆形，具 2 个透明球形腺体。花期 3—4 月。

生　　境：生于海拔 800 ～ 900 m 的潮湿到干燥的开放山坡、草地。

省内分布：汝城、桂东、绥宁、通道、宁远。

83 带唇兰
Tainia dunnii Rolfe

兰科 带唇兰属

形态特征：假鳞茎暗紫色，顶生 1 枚叶。叶狭长圆形。总状花序疏生多数花，花序轴红棕色，花苞片红色，花黄褐色或棕紫色。花瓣先端急尖，唇瓣整体轮廓近圆形，侧裂片淡黄色，具许多紫黑色斑点。花期 3—4 月。

生　　境：生于海拔 500 ～ 3000 m 的常绿阔叶林下或山间溪边。

省内分布：全省散见。

84 多花黄精

Polygonatum cyrtonema Hua

天门冬科 黄精属

形态特征：多年生草本，根状茎肥厚。茎直立，通常具 10 ～ 15 枚叶。叶互生，椭圆形。花序具 2 ～ 14 朵花，伞形。花被黄绿色，钟状圆筒形。浆果黑色，具 3 ～ 9 颗种子。花期 5—6 月，果期 8—10 月。

应用价值：可药用，有利于养阴润肺、宽中益气、滋肾填精；具有食用价值。

生　　境：生于海拔 500 ～ 2100 m 的林下、灌丛或山坡阴处。

省内分布：全省常见。

85 白穗花
Speirantha gardenii (Hook.) Baill.

天门冬科　白穗花属

形态特征：根状茎圆柱形。叶 4 ～ 8 枚，倒披针形。花葶高 13 ～ 20 cm；总状花序有花 12 ～ 18 朵；苞片白色或稍带红色，花被片披针形，紫色或白色。浆果近球形。花期 5—6 月，果期 7 月。

应用价值：可药用，具活血祛瘀的功效。

生　　境：生于海拔 630 ～ 900 m 的山谷溪边和阔叶树林下。

省内分布：汝城、桂东。

86　杖藤

Calamus rhabdocladus Burret

棕榈科　省藤属

形态特征：攀缘木质藤本。叶羽状全裂；羽片整齐排列；叶轴、叶柄、叶鞘均具黑刺。雌雄花序异型；雄花序长鞭状；雌花序二回分枝，顶端具纤鞭。果实椭圆形，草黄色。花、果期 4—6 月。

生　　境：生于密林中或林缘。

省内分布：汝城。

87 密苞山姜

Alpinia densibracteata T. L. Wu et Senjen

姜科 山姜属

形态特征：直立草本。叶片椭圆状披针形，叶柄、叶舌及叶鞘均被茸毛。穗状花序顶生，苞片密集；每一苞片有3朵花，花芳香；花萼筒状；唇瓣菱状卵形或不明显三裂，边缘波状，中央有条纹。花、果期6—8月。

应用价值：花可观赏；全株都可入药，用于风湿关节痛、跌打损伤、牙痛、胃痛等。

生　　境：生于山谷中密林阴处。

省内分布：汝城、洞口、江华、宁远。

88　舞花姜

Globba racemosa Smith

姜科　舞花姜属

形态特征：直立草本；茎基膨大。叶片长圆形或卵状披针形。圆锥花序顶生，花黄色，各部均具橙色腺点；花萼管漏斗形，顶端具3齿；唇瓣倒楔形，顶端2裂，反折。蒴果椭圆形，无疣状凸起。花期6—9月。

应用价值：地下茎可入药，健胃消食，主治胃脘痛、食欲不振、消化不良等。

生　　境：生于海拔400 ～ 1300 m的林下阴湿处。

省内分布：全省散见。

89 云南谷精草
Eriocaulon brownianum Martius

谷精草科 谷精草属

形态特征：一年生草本。叶线形，先端加厚而尖，质厚。花序熟时扁球形，粉白色，总苞片矩圆形。雄花花萼佛焰苞状，常 3 浅裂，花冠 3 裂，花药黑色；雌花花瓣 3 枚，膜质，狭倒披针状条形。花、果期 8—12 月。

应用价值：可入药；具祛风散热、明目退翳的功效。

生　　境：生于海拔 1000 ～ 1500 m 的向阳沼泽地。

省内分布：汝城、宜章。

90　密苞叶薹草

Carex phyllocephala T. Koyama

莎草科　薹草属

形态特征：直立草本；根状茎短而稍粗；秆下部具红褐色无叶片的鞘；叶长于秆。鞘上端的叶舌明显，淡红褐色。顶生小穗为雄小穗，线状圆柱形；其余小穗为雌小穗，狭圆柱形，密生多数花，具小穗柄。花、果期 6—9 月。

生　　境：生于海拔 500 ～ 1000 m 的林下、路旁、沟谷等潮湿地。

省内分布：汝城、宜章、茶陵、保靖。

91 黑莎草

Gahnia tristis Nees

莎草科 黑莎草属

形态特征：丛生，须根粗。秆圆柱状，空心，有节。叶基生，叶片狭长，极硬。圆锥花序紧缩成穗状，排列紧密。小坚果倒卵状长圆形，成熟时为黑色。花、果期 3—12 月。

生　　境：生于海拔 130 ～ 730 m 的干燥的荒山坡或山脚灌木丛中。

省内分布：汝城、宜章、江华。

92　夜花藤

Hypserpa nitida Miers

防己科　夜花藤属

形态特征：木质藤本。叶片卵形、卵状椭圆形至长椭圆形。雄花序通常仅有花数朵，雄花小苞片状，有缘毛，花瓣 4 ～ 5 枚，近倒卵形。雌花序与雄花序相似。雌花：萼片和花瓣与雄花的相似，无毛。核果近球形。花、果期为夏季。

应用价值：可药用，具凉血、止痛、消炎、利尿等功效。

生　　境：生于林中或林缘。

省内分布：汝城、江永、通道、石门。

93 小八角莲

Dysosma difformis (Hemsl. et Wils.) T. H. Wang ex Ying【国二】

小檗科 鬼臼属

形态特征：多年生草本，植株高 15 ～ 30 cm。茎生叶通常 2 枚，薄纸质，形状多样。叶片不分裂或浅裂，上面有时带紫红色。花 2 ～ 5 朵着生于叶基部处；花瓣 6 枚，淡赭红色，长圆状条带。浆果小，圆球形。花期 4—6 月，果期 6—9 月。

应用价值：根状茎可入药，有镇痛功效，主治劳伤，泡酒内服又可治风湿关节炎。

生　　境：生于海拔 750 ～ 1800 m 的密林下。

省内分布：湘南、湘西南至湘西北偶见。

94　拟巫山淫羊藿

Epimedium pseudowushanense B.L.Guo

小檗科　淫羊藿属

形态特征：多年生草本。叶基生和茎生，小叶 3 枚，革质，狭卵形。圆锥状花序，具花 15 ～ 25 朵；外轮萼片早落，倒卵形，内轮萼片卵形，白色、浅紫红色；花瓣有皱褶，边缘黄色。花期 3—4 月，果期 5 月。

应用价值：可药用，具补肾壮阳、祛风除湿的功效。

生　　境：生于海拔 900 ～ 1300 m 的林下或林缘。

省内分布：汝城、桂东。

95 黄连

Coptis chinensis Franch.【国二】

毛茛科　黄连属

形态特征：根状茎黄色。叶片稍带革质，卵状三角形，三全裂。二歧或多歧聚伞花序有 3 ～ 8 朵花；萼片黄绿色，长椭圆状卵形；花瓣线形或线状披针形，中央有蜜槽。蓇葖在花托顶端作伞形状排列。花期 2—3 月，果期 4—6 月。

应用价值：根状茎可入药，治急性结膜炎、急性肠胃炎、吐血等症。

生　　境：生于海拔 500 ～ 2000 m 的山地林中或山谷阴处。

省内分布：全省稀见。

96　蕨叶人字果

Dichocarpum dalzielii (Drumm. et Hutch.) W. T. Wang et Hsiao

毛茛科　人字果属

形态特征：植株全体无毛。叶 3 ～ 11 枚，全部基生，为鸟趾状复叶。单歧聚伞花序长 5 ～ 10cm。萼片白色，倒卵状椭圆形。花瓣金黄色。蓇葖倒人字状叉开，狭倒卵状披针形。花期 4—5 月，果期 5—6 月。

应用价值：根可入药，治红肿疮毒等症。

生　　境：生于海拔 750 ～ 1600 m 的山地密林下、溪旁及沟边等的阴湿处。

省内分布：湘南至湘西南偶见。

97 蕈树
Altingia chinensis (Champ.) Oliver ex Hance

蕈树科 蕈树属

俗　　名：阿丁枫

形态特征：常绿乔木；树皮灰色，稍粗糙。叶革质或厚革质，倒卵状矩圆形，具明显网状小脉。雄花短穗状，常多个排成圆锥花序；雌花头状花序单生或数个排成圆锥花序。头状果序近于球形。花期 3—6 月，果期 7—9 月。

应用价值：木材含挥发油，可提取蕈香油，供药用及香料用；木材可放养香菇。

生　　境：生于海拔 600 ～ 1000 m 的亚热带常绿林中。

省内分布：全省常见。

98　大果马蹄荷

Exbucklandia tonkinensis (Lec.) Steenis

金缕梅科　马蹄荷属

形态特征：常绿乔木；小枝有环状托叶痕。叶革质，阔卵形，掌状脉；托叶狭矩圆形。头状花序单生，或数个排成总状花序，有花 7 ～ 9 朵；花两性，萼齿鳞片状，无花瓣。蒴果卵圆形，表面有小瘤状突起。花期 5—7 月，果期 8—9 月。

应用价值：可药用，具祛风除湿、活血舒筋、止痛的功效。

生　　境：生于海拔 1500 m 的山地雨林或 800 ～ 1000 m 的山地常绿林及山谷低坡处。

省内分布：湘南至湘西南散见。

99 壳菜果

Mytilaria laosensis Lec.

金缕梅科　壳菜果属

俗　　名：米老排

形态特征：常绿乔木；小枝粗壮，有环状托叶痕。叶革质，阔卵圆形，全缘，或幼叶先端3浅裂。肉穗状花序，具多数花；萼片5～6枚，卵圆形；花瓣带状舌形，白色。蒴果黄褐色，松脆易碎。花期3—4月，果期霜降前后。

应用价值：可药用，具清热祛风功效。

生　　境：多在林下、林缘和空旷地生长。

省内分布：汝城。

100　虎皮楠

Daphniphyllum oldhamii (Hemsl.) Rosenthal

虎皮楠科　虎皮楠属

形态特征：常绿乔木。叶纸质，长圆状披针形。总状花序野生；花单性异株，无花瓣；雄花雄蕊轮状排列；雌花子房具直立宿存花柱。核果椭圆体，暗褐色，具瘤。花期3—5月，果期8—11月。

应用价值：可药用，治感冒发热、咽喉肿痛等症。

生　　境：生于海拔200 ～ 1000 m的林中。

省内分布：全省常见。

101 亮叶猴耳环
Archidendron lucidum (Benth) I. C. Nielsen

豆科 猴耳环属

形态特征：常绿小乔木；总叶柄近基部、叶轴上均有腺体。二回羽状复叶，羽片 1 ～ 2 对；小叶斜卵形或长圆形。头状花序球形，排成圆锥花序；花瓣白色。荚果旋卷成环状，宽 2 ～ 3cm。花期 4—6 月，果期 7—12 月。

应用价值：枝叶可入药，消肿祛湿。

生 境：生于林中或林缘灌木丛中。

省内分布：汝城、通道、江华、江永、苏仙、城步。

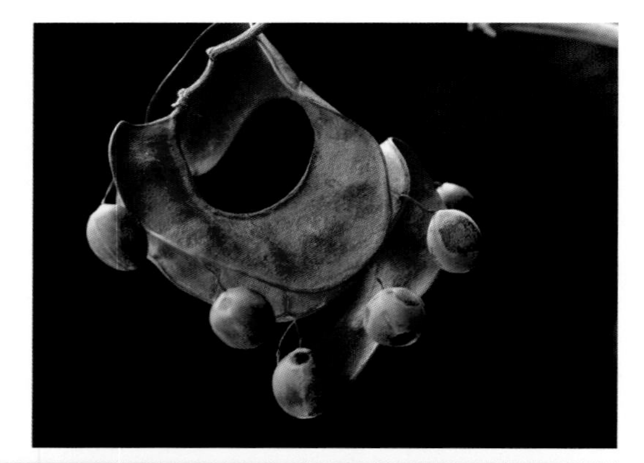

102　野大豆

Glycine soja Siebold & Zucc.【国二】

豆科　大豆属

形态特征：一年生缠绕草本。叶具3枚小叶，小叶卵圆形、卵状披针形或斜卵状披针形。总状花序通常短；花小，长约5 mm，花冠淡红紫色或白色。荚果长圆形，两侧稍扁，被长硬毛。种子2～3颗。花期7—8月，果期8—10月。

应用价值：全株为家畜喜食的饲料，可栽作牧草、绿肥和水土保持植物；还可药用，具补气血、强壮、利尿等功效。

生　　境：生于海拔150～2650 m的田边、园边、沟旁、河岸、湖边、路边等地。

省内分布：全省常见。

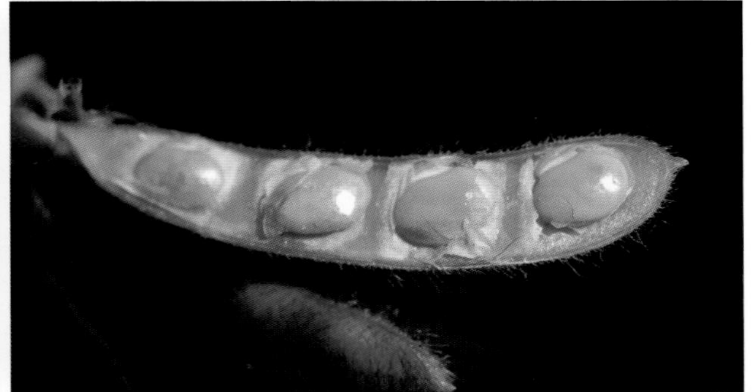

103　花榈木

Ormosia henryi Prain 【国二】

豆科　红豆属

形态特征：常绿乔木；树皮灰绿色。小枝、叶轴、花序密被茸毛。奇数羽状复叶。叶革质，椭圆形或长圆状椭圆形。圆锥花序；花冠中央淡绿色，边缘绿色微带淡紫色。荚果长椭圆形，扁平；种皮鲜红色。花期7—8月，果期10—11月。

应用价值：木材致密质重，纹理美丽，可作轴承及家具用材。

生　　境：生于海拔100～1300 m的山坡、溪谷两旁杂木林内。

省内分布：全省散见。

104　软荚红豆

Ormosia semicastrata Hance【国二】

豆科　红豆属

形态特征：常绿乔木；树皮褐色。皮孔突起并有不规则的裂纹。奇数羽状复叶，长 18.5 ～ 24.5 cm；叶革质，卵状长椭圆形或椭圆形。圆锥花序顶生，花萼钟状，萼齿三角形，花冠白色。荚果小，圆形，革质，干时黑褐色，长 1.5 ～ 2 cm，有种子 1 粒；种子扁圆形，鲜红色。花期 4—5 月，果期 8—9 月。

应用价值：木材致密质重，纹理美丽，可作轴承及家具用材。

生　　境：生于海拔 240 ～ 910 m 的山地、路旁、山谷杂木林中。

省内分布：湘南至湘西南稀见。

105 苍叶红豆

Ormosia semicastrata f. *pallida* How 【国二】

豆科 红豆属

形态特征：常绿乔木；树皮青褐色。小叶常为 3 ～ 4 对，有时可达 5 对，叶片长椭圆状披针形或倒披针形，长 4 ～ 13 cm，宽 1 ～ 3.5 cm，基部楔形或稍钝。圆锥花序，花白色。荚果圆形，具种子 1 粒，种皮红色。果期 8—9 月。

应用价值：材质坚硬，可作家具；种子可药用，具排毒养颜、养心补血的功效。

生　　境：生于海拔 100 ～ 1700 m 的溪旁、山谷、山坡杂木林中。

省内分布：汝城、江永、宜章、会同、通道、江华、城步、通道。

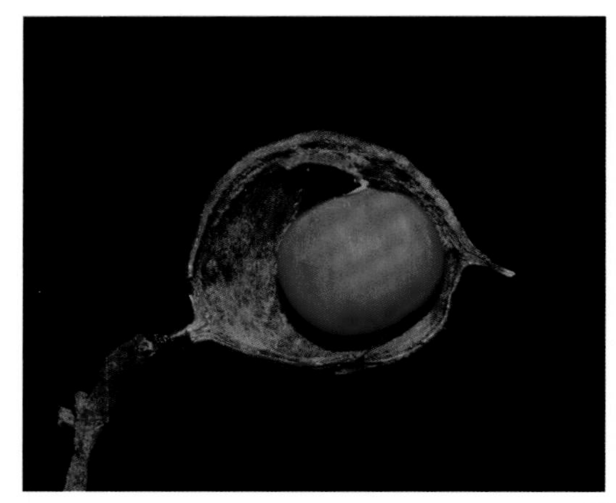

106　木荚红豆

Ormosia xylocarpa Chun ex L. Chen【国二】

豆科　红豆属

形态特征：常绿乔木；树皮灰色或棕褐色。奇数羽状复叶，小叶 1 ～ 3 对，厚革质，长椭圆形，边缘微向下反卷，上面无毛，下面贴生极短的褐黄色毛。圆锥花序顶生；花冠白色或粉红色。荚果常倒卵形。花期 6—7 月，果期 10—11 月。

应用价值：木材耐磨，纹理直且美观，是贵重的家具和雕刻工艺用材。

生　　境：生于海拔 230 ～ 1600 m 的山坡、山谷、路旁、溪边疏林或密林内。

省内分布：湘南至湘西南散见。

107 密子豆

Pycnospora lutescens (Poir.) Schindl.

豆科 密子豆属

形态特征：亚灌木状草本。小枝被短柔毛。复叶常为 3 枚小叶，小叶近革质，倒卵形。总状花序，花很小，每 2 朵排列于疏离的节上，花冠淡紫蓝色。荚果长圆形，膨胀，有横脉纹，成熟时黑色。花、果期 8—9 月。

应用价值：可药用，具利水通淋、消肿解毒等功效。

生　　境：多生于海拔 50 ～ 1300 m 山野草坡及平原。

省内分布：汝城。

108　黄花倒水莲
Polygala fallax Hemsl.

远志科　远志属

形态特征：落叶灌木。枝密被长而平展的短柔毛。单叶互生，叶片膜质，披针形。总状花序花后下垂；花瓣黄色，3 枚，侧生花瓣长圆形，龙骨瓣盔状，鸡冠状附属物流苏状。蒴果阔倒心形至圆形，绿黄色。花期 5—8 月，果期 8—10 月。

应用价值：根可入药，具益气补血、健脾利湿、活血调经的功效。

生　　境：生于海拔 1150 ～ 1650 m 的山谷林下水旁阴湿处。

省内分布：全省散见。

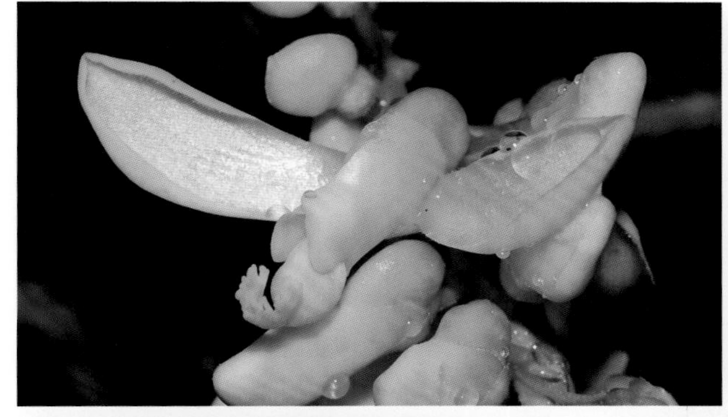

109　大叶金牛

Polygala latouchei Franch.

远志科　远志属

形态特征：矮小亚灌木，高 10 ～ 20 cm。单叶密集于枝的上部，叶片卵状披针形，上面绿色，被白色小刚毛，背面淡红色或暗紫色。总状花序具密集的花；花瓣 3 枚，膜质，粉红色至紫红色。蒴果近圆形。花期 3—4 月，果期 4—5 月。

应用价值：可药用，治咳嗽、小儿疳积、跌打损伤等症。

生　　境：生于海拔 700 ～ 1300 m 的林下岩石上或山坡草地。

省内分布：汝城。

110　微毛樱桃

Prunus clarofolia (Schneid.) Yü et Li

蔷薇科　李属

俗　　名：野樱桃

形态特征：灌木或小乔木；树皮具横生皮孔。叶片卵形或卵状椭圆形，先端渐尖或骤尖，基部圆形。花序伞形，有花 2 ～ 4 朵，花叶同开；花瓣白色或粉红色，倒卵形至近圆形。核果红色，长椭圆形。花期 4—6 月，果期 6—7 月。

应用价值：花朵优美，具极高的观赏价值；果可食用。

生　　境：生于海拔 500 ～ 1500 m 的陡峭山坡中。

省内分布：全省散见。

111 深裂锈毛莓

Rubus reflexus var. *lanceolobus Metc*

蔷薇科 悬钩子属

形态特征：攀缘灌木。几乎全株均被锈色茸毛。叶片心状宽卵形或近圆形，边缘 5 ～ 7 深裂，裂片披针形或长圆披针形。花瓣白色，长圆形到近圆形。聚合果暗红色，近球形。花期 6—7 月，果期 8—9 月。

应用价值：根入药，治风湿痛、月经过多、痢疾、牙痛等症。

生　　境：生于海拔 300 ～ 1000 m 的山谷或水沟边疏林中。

省内分布：汝城、宜章、宁远、江华、茶陵。

112　多花勾儿茶

Berchemia floribunda (Wall.) Brongn.

勾儿茶属　鼠李科

形态特征：藤状或直立灌木。叶纸质，卵形，侧脉明显。宽聚伞圆锥花序顶生，花序长可达 15 cm。花小，白色，花瓣倒卵形，雄蕊与花瓣等长。核果圆柱状椭圆形，成熟后鲜红色。花期 7—10 月，果期翌年 4—7 月。

应用价值：根入药，具祛风除湿，散瘀消肿、止痛的功效；嫩叶可代茶。

生　　境：生于海拔 2600 m 以下的山坡、沟谷、林缘、林下或灌丛中。

省内分布：全省散见。

113 铜钱树
Paliurus hemsleyanus Rehd.

鼠李科 马甲子属

形态特征：落叶乔木，稀灌木。叶互生，宽椭圆形，基生三出脉。聚伞花序或聚伞圆锥花序；花瓣匙形，花盘五边形，5浅裂。核果草帽状，周围具革质宽翅，红褐色或紫红色。花期4—6月，果期7—9月。

应用价值：根和叶可药用，具驱寒暖身、舒筋活血、止痛消肿的功效。

生　　境：生于海拔1600 m以下的山地林中。

省内分布：湘南、湘西南至湘西北散见。

114　翼核果
Ventilago leiocarpa Benth.

鼠李科　翼核果属

形态特征：藤状灌木；全株无毛。叶卵状椭圆形。花单生或数朵簇生叶腋，稀成顶生聚伞总状。萼片三角形；花瓣倒卵形。核果具翅。花期 3—5 月，果期 4—7 月。

应用价值：根可药用，治月经不调、风湿痛、跌打损伤等症。

生　　境：生于海拔 1500 m 以下的疏林或灌丛中。

省内分布：汝城、通道、江永。

115 榉树

Zelkova schneideriana Hand.-Mazz【国二】

榆科 榉属

形态特征：落叶乔木；树皮灰白色或褐灰。叶薄纸质至厚纸质，大小、形状变异很大，卵形。核果几乎无梗，淡绿色，斜卵状圆锥形，网肋明显，表面被柔毛。花期 4 月，果期 9—11 月。

应用价值：木材致密坚硬、耐腐力强、纹理美观，不易伸缩与反挠，可作家具用材。

生　　境：生于海拔 500 ～ 1900 m 的河谷、溪边疏林中。

省内分布：全省偶见。

116　白桂木

Artocarpus hypargyreus Hance【省级】

桑科　波罗蜜属

形态特征：常绿乔木；树皮深紫色，片状剥落；具白色乳汁。叶互生，革质，椭圆形至倒卵形。雄花序椭圆形至倒卵圆形。聚花果近球形，浅黄色至橙黄色，微具乳头状凸起。花期春夏。

应用价值：果可食，也可药用，具清肺止咳、活血止血的功效；木材可做家具。

生　　境：生于低海拔 160 ～ 1630 m 的常绿阔叶林中。

省内分布：汝城、江永、江华、永兴、宜章、桂东、炎陵、双牌。

117 二色波罗蜜

Artocarpus styracifolius Pierre

桑科 波罗蜜属

形态特征：常绿乔木；树皮暗灰色，粗糙；具白色乳汁。叶纸质，长圆形。花雌雄同株，花序单生叶腋，雄花序椭圆形，雌花花被片外面被柔毛。聚花果球形，黄色，干时红褐色，被毛，具圆形突起。花期 6—8 月，果期 8—12 月。

应用价值：果酸甜，可作果酱；可药用，具祛风除湿、舒筋活血的功效。

生 境：生于海拔 200 ～ 1180 m 的森林中。

省内分布：汝城、通道、洞口、江华。

118　粗叶榕
Ficus hirta Vahl

桑科　榕属

俗　　名：五指毛桃

形态特征：灌木或小乔木；具白色乳汁；小枝，叶和榕果均被金黄色开展的长硬毛。叶互生，纸质，长椭圆状披针形，有时全缘或 3 ～ 5 深裂。榕果成对腋生或生于已落叶枝上，球形或椭圆球形，红色，被柔毛。花、果期 4—6 月。

应用价值：可药用，具祛风湿、益气固表的功效。

生　　境：生于 180 ～ 1380 m 的林下或林缘。

省内分布：湘南至湘西南散见。

119 米槠

Castanopsis carlesii (Hemsl.) Hayata.

壳斗科 锥属

形态特征：常绿乔木；二年及三年生枝黑褐色，皮孔甚多。叶披针形，嫩叶叶背有红褐色或棕黄色蜡鳞层，成长叶呈银灰色。雄圆锥花序直立。壳斗几全包坚果，外壁有疣状体。花期3—6月，果实翌年9—11月成熟。

生　　境：生于海拔1500 m以下山地或丘陵常绿或落叶阔叶混交林中。

省内分布：全省常见。

120　罗浮锥

Castanopsis faberi Hance

壳斗科　锥属

形态特征：常绿乔木。叶卵状披针形或窄长椭圆形，新生嫩叶背面有较多柔毛，中脉及侧脉的毛较长且较迟脱净。当年生枝亦被较迟脱净的短柔毛及褐红色细片状蜡鳞。壳斗全包坚果，外壁密被分叉的刺。花期4—5月，果期翌年9—11月。

生　　境：生于2000 m以下的林中。

省内分布：汝城、会同、通道、新宁、城步、江永、桂东、宜章。

121 毛锥
Castanopsis fordii Hance

壳斗科 锥属

形态特征：常绿乔木；芽鳞、一年生枝、叶柄、叶背及花序轴均密被棕色或红褐色稍粗糙的长茸毛。叶革质，长椭圆形或长圆形；叶柄粗短。壳斗全包坚果，外壁为密刺完全遮蔽。花期 3—4 月，果实翌年 9—10 月成熟。

生　　境：生于海拔约 1200 m 以下的山地灌木或乔木林中。

省内分布：汝城、通道、江华、江永、宜章、宁远。

122　鹿角锥

Castanopsis lamontii Hance

壳斗科　锥属

形态特征：常绿乔木；枝、叶及花序轴均无毛。叶厚纸质或近革质，椭圆形，通常全缘，成长叶背面带苍灰色。壳斗全包坚果，外壁刺粗壮，不同程度地合生成刺束，呈鹿角状。花期 3—5 月，果实翌年 9—11 月成熟。

生　　境：生于海拔 500 ～ 2500 m 山地疏或密林中。

省内分布：汝城、通道、城步、道县、江华、江永、宜章、炎陵、桂东、资兴、宁远。

123 紫玉盘柯
Lithocarpus uvariifolius (Hance) Rehd.

壳斗科 柯属

形态特征：常绿乔木；当年生枝、叶柄、叶背中脉、侧脉及花序轴均密被棕色或褐锈色略粗糙长毛。叶厚纸质，倒卵形。壳斗半包坚果，壳壁被鳞片状小苞片。花期5—7月，果实翌年10—12月成熟。

应用价值：嫩叶经制作后带甜味，可代茶叶，有清凉解热之效。

生　　境：生于海拔约800 m以下的山地常绿阔叶林中。

省内分布：汝城。

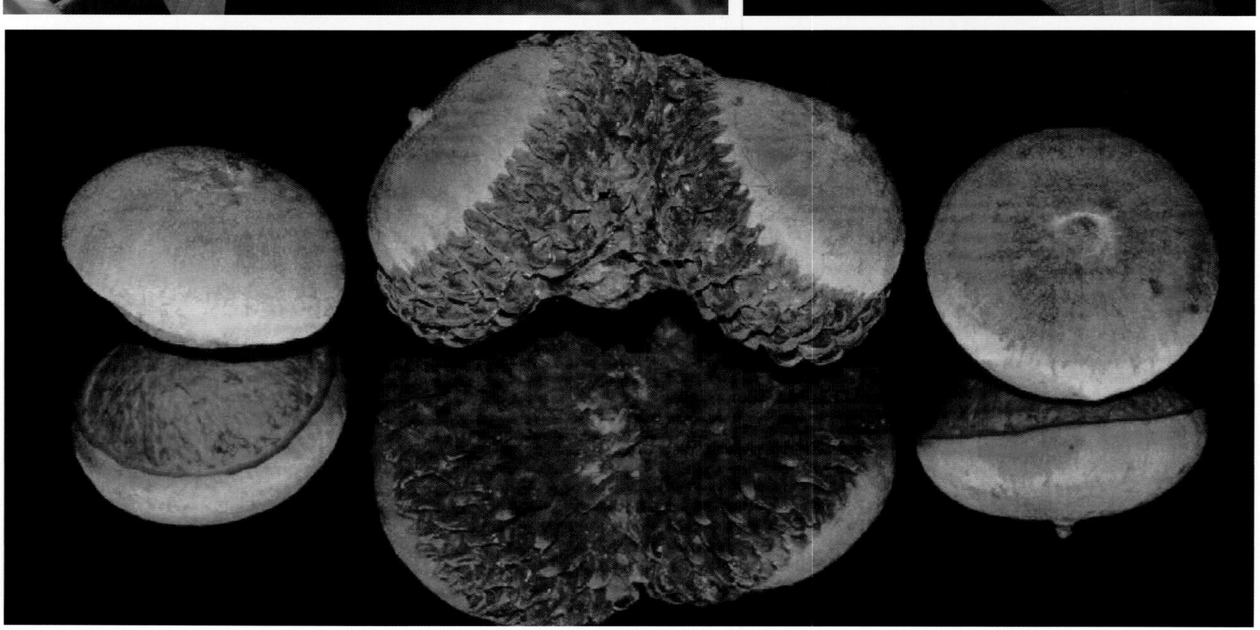

124　岭南青冈
Quercus championii Benth.

壳斗科　栎属

俗　　名：红椆

形态特征：常绿乔木；小枝、叶柄、叶背及壳斗密被灰褐色星状茸毛。叶片厚革质，聚生于近枝顶端，倒卵形。壳斗碗形，包坚果下部，小苞片合生成 4 ～ 7 条同心环带。花期 12 月至翌年 3 月，果期 11—12 月。

应用价值：心材红褐色，纹理直，质坚重，强韧有弹性，为优良硬木。

生　　境：生于海拔 100 ～ 1700 m 的森林中。

省内分布：湘南稀见；汝城、宜章。

125 饭甑青冈

Quercus fleuryi Hickel et A. Camus 【省级】

壳斗科　栎属

形态特征：常绿乔木；小枝幼时被棕色长茸毛，后渐无毛，密生皮孔。叶片革质，长椭圆形。壳斗钟形或近圆筒形，外壁被黄棕色毡状长茸毛；小苞片合生成 10 ～ 13 条同心环带。花期 3—4 月，果期 10—12 月。

应用价值：心材红褐色，纹理直，质坚重，强韧有弹性，为优良硬木。

生　　境：生于海拔 500 ～ 1500 m 的山地密林中。

省内分布：汝城、道县、江华、江永、桂东。

126　雷公青冈

Quercus hui Chun【省级】

壳斗科　栎属

形态特征：常绿乔木；幼枝、幼叶、花序及壳斗密被黄褐色茸毛。叶片薄革质，长椭圆形。壳斗浅碗形至深盘形，包着坚果基部；小苞片合生成 4 ～ 6 条同心环带，环带边缘呈小齿状。花期 4—5 月，果期 10—12 月。

应用价值：木质坚韧，可作用材。

生　　境：生于海拔 250 ～ 1200 m 的山地杂木林或湿润密林中。

省内分布：汝城、新宁、江华、资兴、桂东、通道。

127 华南桦

Betula austrosinensis Chun ex P. C. Li【省级】

桦木科 桦木属

形态特征：落叶乔木；树皮灰褐色，小枝黄褐色，疏生短柔毛。叶厚纸质，长卵形。花单性，雌雄同株。果序单生，直立，圆柱状；翅果矩圆状倒卵形。果期 8—9 月。

应用价值：可药用，具利水通淋、清热解毒的功效。

生　　境：生于海拔 1000 ～ 1800 m 的山顶或山坡杂木林中。

省内分布：湘南至湘西南偶见。

128　红孩儿

Begonia palmata var. *bowringiana*
(Champ. ex Benth.) J. Golding et C. Kareg.

秋海棠科　秋海棠属

形态特征：多年生直立草本；茎和叶柄均密被或被锈褐色交织的茸毛。叶片轮廓斜卵形或偏圆形，浅至中裂，裂片宽三角形至窄三角形。花玫瑰色或白色，花被片外面密被混合毛。蒴果具不等 3 翅。花期 6 月开始，果期 7 月开始。

应用价值：可药用，治跌打损失、毒蛇咬伤等症。

生　　境：生于海拔 100 ～ 1700 m 的河边阴处湿地，山谷或密林的石壁之上。

省内分布：汝城、江华、宁远、道县、宜章、资兴、南岳。

129　汝城秋海棠

Begoniaceae ruchengensis D. K. Tian

秋海棠科　秋海棠属

形态特征：多年生草本；无地上茎。叶单生，叶片轮廓宽卵心形，表面多为绿色，密被斜生短柔毛，背面为浅绿色。花粉红色，二歧聚伞花序；花被片粉红色。蒴果具不等 3 翅。花期 7—9 月，果期 8—10 月。

应用价值：具较高的观赏价值。

生　　境：生于海拔 200 ～ 700 m 的林下潮湿石上。

省内分布：汝城九龙江。

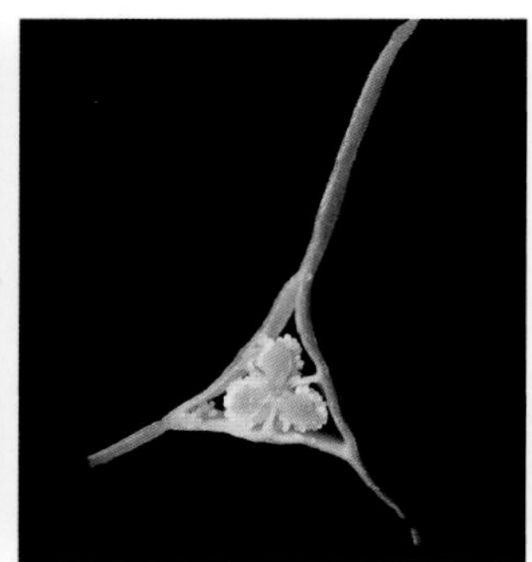

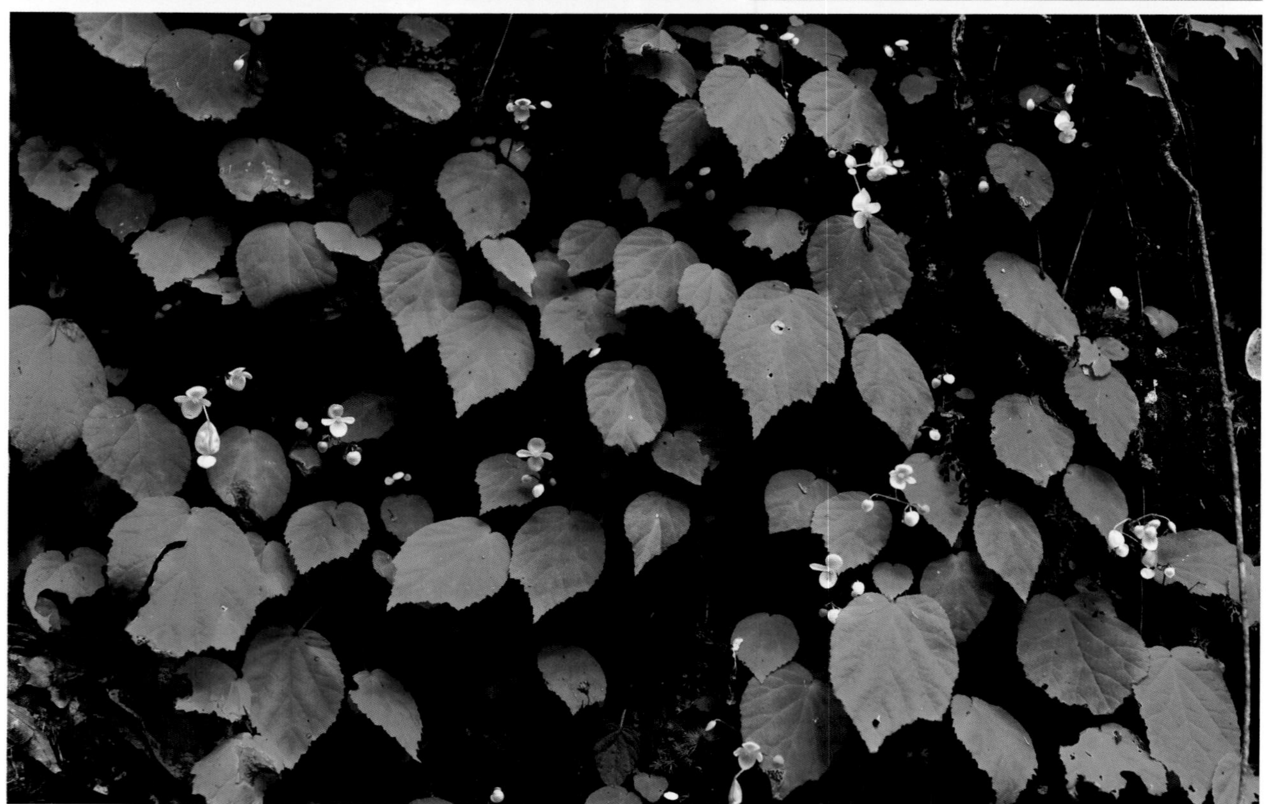

130　小叶红叶藤

Rourea microphylla (Hook. et Arn.) Planch.

牛栓藤科　红叶藤属

形态特征：攀缘灌木；近无毛。奇数羽状复叶，小叶 7 ～ 17 枚，小叶片坚纸质，卵形。圆锥花序，丛生于叶腋内。花芳香，花瓣白色、淡黄色或淡红色，椭圆形。蓇葖果椭圆形，成熟时红色。花期 3—9 月，果期 5 月—翌年 3 月。

应用价值：茎叶入药，具清热解毒、消毒止痛、止血等功效。

生　　境：生于海拔 100 ～ 600 m 的山坡或疏林中。

省内分布：汝城九龙江。

131 褐毛杜英

Elaeocarpus duclouxii Gagnep.

杜英科 杜英属

形态特征：常绿乔木；嫩枝、叶背被褐色茸毛。叶聚生于枝顶，革质，长圆形，边缘有小钝齿。总状花序被褐色毛，花瓣 5 片，上半部撕裂。核果椭圆形，干后变黑色。花期 6—7 月，果期 8—10 月，翌年成熟。

应用价值：可作园林绿化树种。

生　　境：生于海拔 700 ～ 950 m 的常绿林中。

省内分布：全省常见。

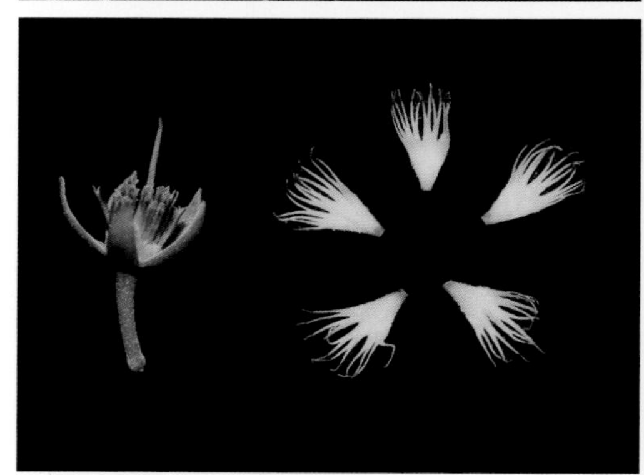

132　猴欢喜

Sloanea sinensis (Hance) Hemsl.

杜英科　猴欢喜属

形态特征：常绿乔木；枝叶无毛。叶薄革质，形状及大小多变，通常为长圆形；叶柄两端略膨大。花多朵簇生于枝顶叶腋，花瓣 4 片，白色，先端撕裂。蒴果表面多刺，似板栗。花期 9—11 月，果期翌年 6—7 月。

应用价值：果实颜色鲜艳，可作观果的常绿观赏树种。

生　　境：生长于海拔 700 ～ 1000 m 的常绿林中。

省内分布：全省常见。

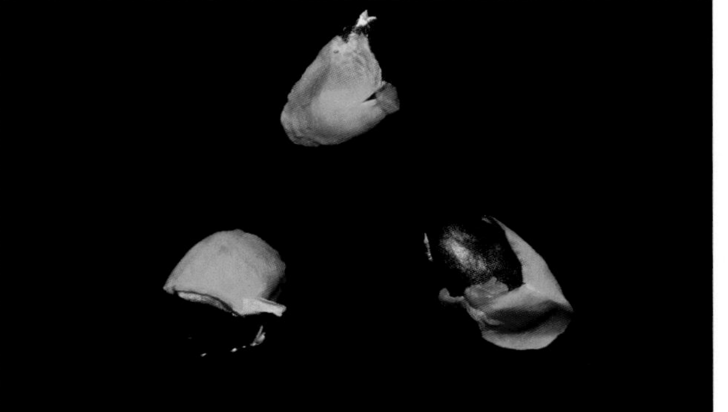

133 东方古柯

Erythroxylum sinense Y. C. Wu

古柯科 古柯属

形态特征：灌木或小乔木；全株无毛。叶纸质，长椭圆形、倒披针形或倒卵形，先端短渐尖，基部楔形。花红色，腋生，2～7朵花簇生或单花腋生。核果长圆形，具3纵棱，稍弯，红色。花期4—5月，果期5—10月。

应用价值：叶子中含可卡因等生物碱类物质，可兴奋神经，具改善认知功能、抗抑郁的功效。

生 境：生于海拔230～2200 m的山地、路旁、谷地密林中。

省内分布：湘南、湘西南至湘西北散见。

134　木竹子

Garcinia multiflora Champ. ex Benth.

藤黄科　藤黄属

形态特征：常绿乔木；枝叶无毛；具黄色汁液。叶对生，叶片革质，卵形。花杂性，同株；花瓣橙黄色；雄花花丝合生成 4 束，退化雌蕊柱状；雌花柱头盾形。果卵圆形，成熟时黄色。花期 6—8 月，果期 11—12 月，偶有花果并存。

应用价值：可药用，具清热、生津的功效。

生　　境：生于海拔 100 ～ 1900 m 的山坡疏林或密林中。

省内分布：湘南至湘西南散见。

135 金丝桃
Hypericum monogynum L.

金丝桃科 金丝桃属

形态特征：常绿灌木。茎红色，叶对生，几无叶柄；叶片倒披针形，坚纸质。花直径 3 ～ 6.5 cm，星状；花瓣金黄色至柠檬黄色，开张，三角状倒卵形。蒴果宽卵珠形，种子深红褐色，圆柱形。花期 5—8 月，果期 8—9 月。

应用价值：外观美丽，具较高的观赏价值；根茎叶花果均可入药，具抗抑郁、镇静、抗菌消炎、收敛创伤等功效。

生　　境：生于海拔 1500 m 左右的山坡、路旁或灌丛中。

省内分布：全省常见，各地常有栽培。

136　广东西番莲

Passiflora kwangtungensis Merr.【省级】

西番莲科　西番莲属

形态特征：草质藤本；全株几无毛；茎具卷须。叶膜质，互生，披针形至长圆状披针形，基生三出脉。花白色，花瓣5枚。浆果球形，种子椭圆形，扁平。花期3—5月，果期6—7月。

应用价值：可食用，维生素C含量丰富，有美容养颜、抗衰老的作用。

生　　境：生于海拔650 m的林边灌丛中。

省内分布：汝城、江永、双牌、靖州、通道、宜章、桂东、绥宁、会同。

137 天料木

Homalium cochinchinense (Lour.) Druce

杨柳科　天料木属

形态特征：落叶小乔木或灌木；树皮灰褐色或紫褐色；枝条具明显纵棱。叶纸质，宽椭圆状长圆形。花多数，单朵或簇生排成总状，总状花序被黄色短柔毛。花瓣匙形，黄绿色。蒴果倒圆锥状。花期全年，果期 9—12 月。

生　　境：生于海拔 400 ～ 1200 m 的山地阔叶林中。

省内分布：汝城、新宁、双牌、道县、江华、江永、临武、祁阳。

138　黏木

Ixonanthes reticulata Jack

黏木科　黏木属

形态特征：灌木或乔木；枝叶无毛。单叶互生，纸质，椭圆形或长圆形。二歧或三歧聚伞花序；花瓣 5 枚，卵状椭圆形，白色。蒴果卵状圆锥形，顶部短锐尖，黑褐色，室间开裂为 5 果瓣。花期 5—6 月，果期 6—10 月。

生　　境：生长于海拔 30 ～ 750 m 的山谷、山顶、溪旁、丘陵和林中。

省内分布：汝城、通道、江华、江永、道县、宜章。

139 喙果黑面神
Breynia rostrata Merr.

叶下珠科　黑面神属

形态特征：常绿灌木或乔木；全株均无毛。叶片纸质或近革质，卵状披针形。单生或 2 ～ 3 朵雌花与雄花同簇生于叶腋内。蒴果圆球状，顶端具有宿存喙状花柱。花期 3—9 月，果期 6—11 月。

应用价值：根、叶可药用，治风湿骨痛、湿疹、皮炎等。

生　　境：生于海拔 150 ～ 1500 m 山地密林中或山坡灌木丛中。

省内分布：汝城。

140 桃金娘

Rhodomyrtus tomentosa (Ait.) Hassk.

桃金娘科 桃金娘属

形态特征：常绿灌木。叶对生，革质，叶片椭圆形，先端圆或钝，离基三出脉。花常单生，紫红色；花瓣 5，雄蕊红色。浆果卵状壶形，熟时紫黑色。花期 4—5 月，果期 7—8 月。

应用价值：果可食用；根可药用，具治慢性痢疾、风湿、肝炎及降血脂等功效。

生　　境：生于海拔 500 m 以下的低山丘陵区。

省内分布：汝城、通道、江永、桂东。

141 毛柄鸭脚茶
Tashiroea oligotricha (Merr.) R. Zhou & Ying Liu

野牡丹科　鸭脚茶属

形态特征：小灌木。叶对生，宽卵形，基出脉 5 明显。花瓣粉红，4 枚，卵状长圆形，稍偏斜。蒴果杯形，顶端平截，具 4 棱。花期 5—6 月，果期 8—10 月。

生　　境：生于海拔 500 ～ 2300 m 的山坡、山谷林下，阴湿处或水边。

省内分布：汝城、宁远、宜章、江华、江永。

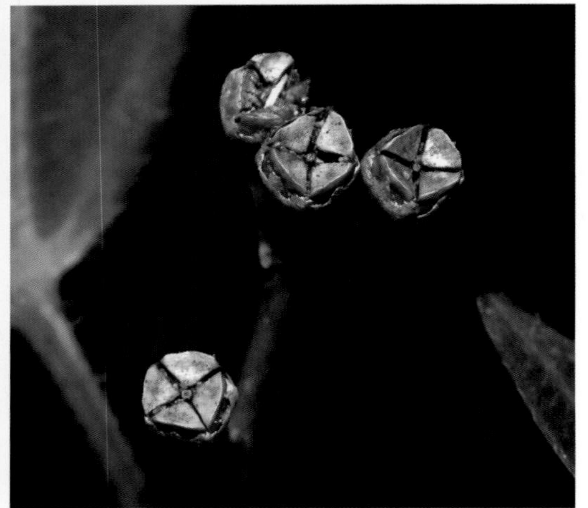

142 罗浮槭
Acer fabri Hance

无患子科 槭属

俗　　名：红翅槭

形态特征：常绿乔木；全株无毛。叶革质，对生，披针形，长圆披针形或长圆倒披针形。花杂性，伞房花序紫色；花瓣5枚，白色，倒卵形。双翅果嫩时紫色，成熟时黄褐色或红色。花期3—4月，果期9月。

生　　境：生于海拔500～1800 m的山谷或疏林中。

省内分布：全省常见。

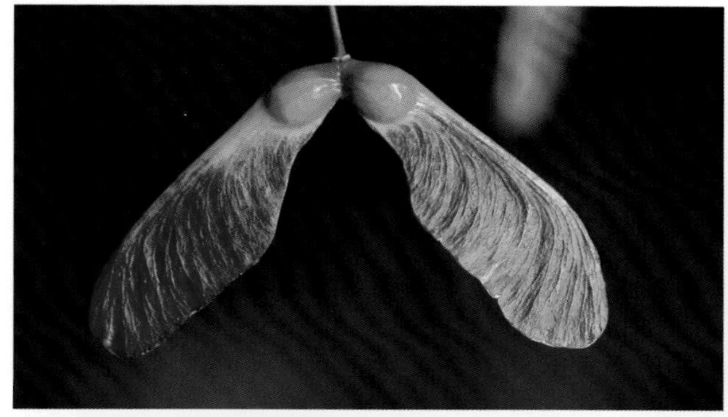

143　伞花木

Eurycorymbus cavaleriei (Lévl.) Rehd. et Hand.-Mazz.【国二】

无患子科　伞花木属

形态特征：落叶乔木；树皮灰色。偶数羽状复叶，互生；小叶近对生，膜质，长椭圆形。花序半球状，稠密而极多花，花芳香。蒴果的发育果爿，被茸毛。花期5—6月，果期10月。

应用价值：种子油脂含量高，为极具开发前景的食用油料和生物柴油用植物材料。

生　　境：生于海拔300～1400 m处的阔叶林中，常出现在沟谷两边。

省内分布：全省散见。

144　金柑

Citrus japonica Thunb.【国二】

芸香科　柑橘属

形态特征：常绿灌木；具刺。单身复叶，叶质厚，浓绿，卵状披针形。单花或 2 ～ 3 朵花簇生，花瓣 5 枚，白色。果椭圆形，橙黄色至橙红色，直径约 2.5 cm。花期 3—5 月，果期 10—12 月。

应用价值：具较高药用价值，具止渴、解酒醉、辟臭等功效；鲜果含有大量维生素和柠檬酸，可食用；可作庭院绿化树种或盆栽造景树种。

生　　境：生长在海拔 600 ～ 1000 m 的山地常绿阔叶林中。

省内分布：汝城、宁远、桂东、通道。

145 红花香椿

Toona rubriflora Tseng

楝科 香椿属

形态特征：落叶大乔木；树皮有纵裂缝。叶一回羽状复叶，小叶 8 ～ 9 对；小叶卵状长圆形至卵状披针形，先端尾状渐尖，全缘。圆锥花序顶生；花瓣红色。蒴果密生粗大的皮孔，倒卵状长圆形。花期 6 月，果期 10—12 月。

生　　境：多生于海拔 300 ～ 2600 m 的沟谷林中或山坡疏林中。

省内分布：全省散见。

特别说明：在湖南，该种被错误鉴定为红椿（*Toona ciliata*，国二），后者木材优良，但前者木材密度低，木材价值不高

146　伯乐树

Bretschneidera sinensis Hemsl.【国二】

叠珠树科　伯乐树属

形态特征：落叶乔木；小枝有较明显的皮孔。一回羽状复叶；小叶 7 ～ 15 片，纸质或革质，长圆状披针形，下面灰白色。总状花序；花淡红色。果椭圆形，成熟后棕色，表面被黄褐色小瘤体。花期 3—9 月，果期 5 月至翌年 4 月。

应用价值：可药用，治筋骨痛、脘腹痛、水肿等症；嫩芽和嫩茎叶可炒食或做汤食用。

生　　境：生于低海拔至中海拔的山地林中。

省内分布：全省散见。

147 红冬蛇菰

Balanophora harlandii Hook. f.

蛇菰科 蛇菰属

形态特征：寄生草本植物，形似菌类子实体；无叶绿素。花茎肉质，通常红色或红黄色；具 7 枚红色鳞苞片旋生于花茎上。雌雄异株，花序球形；附属体深褐色，倒卵状长圆形，顶端近截形。花期 9—12 月。

应用价值：可药用，具清热解毒、活血化瘀、壮阳补肾的功效。

生 境：生于海拔 600 ～ 2100 m 的荫蔽林中较湿润的腐殖质土壤处。

省内分布：汝城、新宁、江永、宜章。

148　青皮木

Schoepfia jasminodora Sieb. et Zucc.

青皮木科　青皮木属

形态特征：落叶小乔木或灌木；新枝和叶柄红色。叶纸质，卵形，叶脉略呈红色。花无梗，2 ～ 9 朵排成聚伞花序；花萼筒杯状；花冠钟形，白色或浅黄色。果椭圆状或长圆形，紫红色。花叶同放。花期 3—5 月，果期 4—6 月。

应用价值：可药用，治热淋、风湿痹痛、跌打损伤。

生　　境：分布于 500 ～ 1000 m 的山谷、沟边、山坡、路旁的密林或疏林中。

省内分布：全省山地散见。

特别说明：与华南青皮木（*Schoepfia chinensis*）相似，但后者花序花常仅有 2~3 朵。

149 金荞麦

Fagopyrum dibotrys (D. Don) Hara【国二】

蓼科 荞麦属

形态特征：多年生直立草本；根状茎木质化，黑褐色。叶三角形，基部心形，顶端渐尖。花序伞房状，顶生或腋生，花小，花被5深裂，白色，花被片长椭圆形。瘦果宽卵形，具3条锐棱，黑褐色。花期7—9月，果期8—10月。

应用价值：块根可药用，具清热解毒、排脓去瘀的功效；为荞麦的近缘野生种质资源。

生　　境：生于海拔250 ～ 3200 m的山谷湿地、山坡灌丛。

省内分布：全省常见。

150　掌叶蓼

Persicaria palmata (Dunn.) Yonekura et H. Ohashi

蓼科　蓼属

形态特征：多年生直立草本；全株被短星状毛稀疏的糙伏毛。叶掌状深裂。花序头状，通常数个再集成圆锥状；花被 5 深裂，淡红色，花被片椭圆形。瘦果卵形，具 3 条棱。花期 7—8 月，果期 9—10 月。

应用价值：全草可入药，具止血、清热的功效，主治吐血、外伤出血等症。

生　　境：生于海拔 350 ～ 1500 m 的山谷水边、山坡林下湿地。

省内分布：汝城、会同、桃源、芷江、新宁、宜章、南岳、永兴、安化、桃江。

151 蜡莲绣球
Hydrangea strigosa Rehd.

绣球花科　绣球属

形态特征：常绿灌木；几乎全株密被糙伏毛。叶纸质，长圆形。伞房状聚伞花序，分枝扩展；不育花红色或淡紫红色；孕性花淡紫红色，花瓣 4 枚，长卵形。蒴果坛状。花期 7—8 月，果期 11—12 月。

应用价值：具较高的观赏价值；根可药用，治食积不化、胸腹胀满等症。

生　　境：生于海拔 500 ～ 1800 m 的山谷密林或山坡路旁疏林或灌丛中。

省内分布：全省常见。

152　香港四照花
Cornus hongkongensis Hemsley

山茱萸科　山茱萸属

形态特征：常绿乔木或灌木；树皮有多数皮孔。叶对生，革质，椭圆形，侧脉 3 ～ 4 对，弓形内弯。头状花序球形，有 4 片白色花瓣状的总苞片。复合果成熟时黄色或红色。花期 5—6 月，果期 11—12 月。

应用价值：木材质地优良，可用作建筑用材；果可食用，也可作为酿酒原料。

生　　境：生于海拔 350 ～ 1700 m 湿润山谷的密林或混交林中。

省内分布：湘南、湘西南至湘西北散见。

153 多脉凤仙花

Impatiens polyneura K. M. Liu【省级】

凤仙花科 凤仙花属

形态特征：一年生直立草本。茎肉质，常具紫色斑点。叶互生，叶片椭圆形，边缘有细锯齿。总花梗单生于上部叶腋，具 1 ～ 2 朵花；花淡紫色；旗瓣倒卵状长圆形，翼瓣 2 裂，唇瓣宽漏斗状。蒴果纺锤形，先端喙尖。花期 6—8 月。

应用价值：具很高的观赏价值。

生　　境：生于海拔 420 m 的山谷溪流边。

省内分布：汝城、资兴、宜章、苏仙、宁远、双牌。

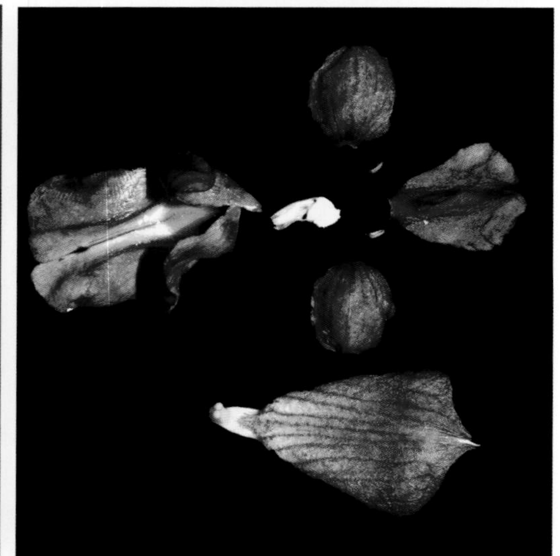

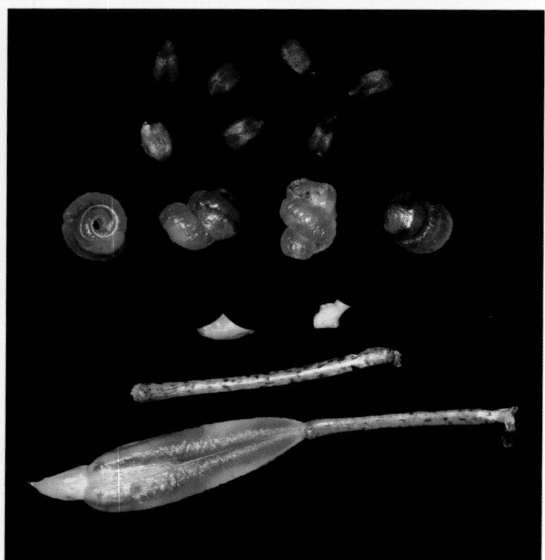

154　茶梨

Anneslea fragrans Wall.【省级】

五列木科　茶梨属

形态特征：常绿乔木；树皮黑褐色；枝叶无毛。叶革质，聚生近枝顶，叶通常为椭圆形，下面密被红褐色腺点。花朵螺旋状聚生，花红色，花瓣 5 枚，阔卵形。果实浆果状，圆球形，花萼宿存。花期 1—3 月，果期 8—9 月。

应用价值：优良景观树种；木材可做家具；树皮树叶可入药，消食健胃，舒肝退热。

生　　境：生于海拔 300 ～ 500 m 的山坡林中或林缘沟谷地以及山坡溪沟边阴湿地。

省内分布：湘南至湘西南偶见。

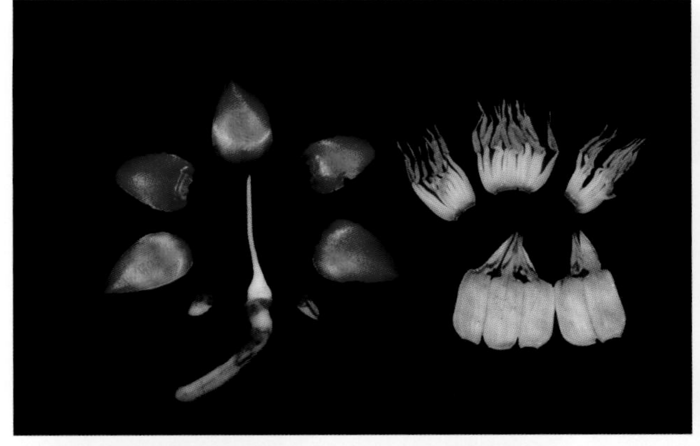

155 毛枝格药柃

Eurya muricata var. *huiana* (Kobuski) L. K. Ling

五列木科 柃属

形态特征：常绿灌木或小乔木；顶芽和幼枝被柔毛。叶革质，长圆状椭圆形，边缘有细钝锯齿。单性，雌雄异株。花 1 ～ 5 朵簇生叶腋；花瓣 5 枚，白色，长圆形。果实圆球形，成熟时紫黑色。花期 9—11 月，果期翌年 6—8 月。

应用价值：具良好的观赏价值；花是优良的蜜源。

生　　境：生于海拔 350 ～ 1300 m 的山坡林中或林缘灌丛中。

省内分布：全省散见。

156　厚皮香

Ternstroemia gymnanthera (Wight et Arn.) Beddome【省级】

五列木科　厚皮香属

形态特征：常绿灌木或小乔木；枝叶无毛。叶革质，通常聚生于枝端，呈假轮生状，椭圆形。萼片卵圆形，顶端圆；花瓣 5 枚，淡黄白色，倒卵形。浆果圆球形，萼片均宿存，种子成熟时肉质假种皮红色。花期 5—7 月，果期 8—10 月。

应用价值：木材红色，坚硬致密。

生　　境：生于海拔 200 ～ 1400 m 的山地林中、林缘路边或近山顶疏林中。

省内分布：全省散见。

157 厚叶厚皮香
Ternstroemia kwangtungensis Merr.【省级】

五列木科 厚皮香属

形态特征：常绿灌木或小乔木；枝叶无毛。叶互生，厚革质且肥厚，椭圆状卵圆形，下面密被褐色腺点。萼片卵圆形，顶端圆；花瓣5枚，白色，倒卵形。浆果圆球形，萼片均宿存；种子成熟时假种皮鲜红色。花期5—6月，果期10—11月。

应用价值：木材质地极佳，是优质的用材树种；具较高的观赏价值。

生　　境：生于海拔750～1700 m的山地或山顶林中以及溪沟边路旁灌丛中。

省内分布：汝城、通道、新宁、蓝山、宁远、炎陵、宜章、资兴。

158　尖萼厚皮香

Ternstroemia luteoflora L. K. Ling【省级】

五列木科　厚皮香属

形态特征：常绿乔木；枝叶无毛。叶互生，革质，椭圆形。萼片卵状披针形，顶端锐尖，有小尖头；花瓣5枚，白色或淡黄白色，阔倒卵形或卵圆形。果圆球形，成熟时紫红色；种子成熟时红色。花期5—6月，果期8—10月。

应用价值：木材红色，坚硬致密，可作建筑用材。

生　　境：生于海拔400～1500 m的沟谷疏林中、林缘路边及灌丛中。

省内分布：湘南至湘西南散见。

159 虎舌红

Ardisia mamillata Hance

报春花科 紫金牛属

形态特征：矮小灌木。叶互生或簇生于茎顶端，叶片倒卵形，两面绿色或暗紫红色，被锈色糙伏毛。伞形花序着生于侧生特殊花枝顶端，有花约10朵，花瓣粉红色，卵形。果球形，鲜红色。花期6—7月，果期11月至翌年1月。

应用价值：全草可入药，治风湿跌打、外伤出血、产后虚弱、月经不调等症。

生　　境：海拔500～1600 m的山谷密林下阴湿处。

省内分布：汝城、江华、江永、通道、城步、苏仙、桂东。

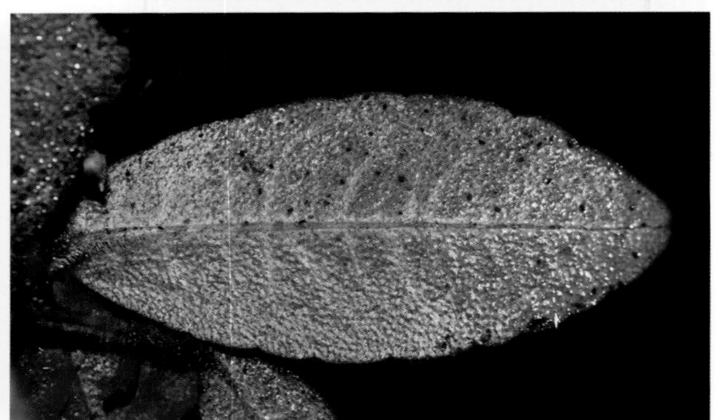

160　光萼紫金牛
Ardisia omissa C. M. Hu

报春花科　紫金牛属

形态特征：常绿亚灌木，高不超过 20 cm。叶排列成近莲座状；叶片多倒卵状椭圆形。花序近伞形；花萼裂片长圆状披针形，无毛，具红色腺点；花冠裂片狭卵形。核果球状，红色，成熟后变为黑色。花期 7 月，果期 11 月至翌年 4 月。

生　　境：生于海拔 200 ～ 700 m 密林下的水边。

省内分布：汝城九龙江。

161　莲座紫金牛
Ardisia primulifolia Gardner & Champion

报春花科　紫金牛属

形态特征：矮小灌木或近草本。叶常基生呈莲座状，叶片椭圆形或长圆状倒卵形，两面有时紫红色。聚伞花序或亚伞形花序，从莲座叶腋中抽出 1 ～ 2 个；花萼被毛；花瓣粉红色，广卵形。果球形，鲜红色。花期 6—7 月，果期 11—12 月。

应用价值：全草可药用，具补血功效，治痨伤咳嗽、风湿、跌打损伤等。

生　　境：生于海拔 600 ～ 1400 m 的山坡密林下阴湿处。

省内分布：汝城、江永、桂东、城步。

162　广西过路黄

Lysimachia alfredii Hance

报春花科　珍珠菜属

形态特征：多年生草本；茎被褐色毛。叶对生，叶片卵形，两面被糙伏毛，密布黑色腺条和腺点。总状花序顶生缩短成近头状；花萼裂片狭披针形，有黑色腺条；花冠黄色，裂片披针形。果近球形，褐色。花期4—5月，果期6—8月。

应用价值：具一定的观赏价值；也可入药，具止血功效。

生　　境：生于海拔220 ～ 900 m的山谷溪边、沟旁湿地、林下和灌丛中。

省内分布：全省常见。

163 大叶过路黄
Lysimachia fordiana Oliv.

报春花科　珍珠菜属

形态特征：直立草本；全株无毛。叶对生，常近轮生状，叶片椭圆形，两面密布黑色腺点。总状花序顶生缩短成近头状；花萼裂片狭披针形，有黑色腺条；花冠黄色，裂片披针形。蒴果近球形。花期5月，果期7月。

应用价值：具较高的观赏价值。

生　　境：生于海拔800 m以下的密林中和山谷溪边湿地。

省内分布：汝城、宜章。

164　阔叶假排草

Lysimachia petelotii Merrill

报春花科　珍珠菜属

形态特征：多年生直立草本；全株无毛。叶向茎端稍密聚，叶片卵形，网脉极密，两面均明显。花 1 ～ 2 朵，生于叶腋；花冠黄色，深裂，裂片长圆形。蒴果近球形。花期 5—6 月。

应用价值：全草入药，治胃痛、月经不调、跌打损伤、蛇咬伤等。

生　　境：生于海拔 600 ～ 2100 m 的混交林下。

省内分布：汝城、桂东。

165 南岭假婆婆纳

Stimpsonia nanlingensis G. H. Huang & G. Hao

报春花科 假婆婆纳属

形态特征：一年生直立草本；各部分密被茸毛。基生叶片椭圆形至宽卵形；茎生叶叶柄短或无叶柄，叶片卵形至椭圆形。花单生叶腋，总状花序；花冠白色或粉红色，喉周围有短柔毛。蒴果球形，低于宿存花萼。花期 4 月。

生　　境：生于海拔 600 ～ 700 m 的潮湿岩石或悬崖上。

省内分布：汝城、宜章。

166　毛叶茶

Camellia ptilophylla Chang

山茶科　山茶属

俗　　名：白毛茶、汝城白毛茶

形态特征：常绿灌木或小乔木；嫩枝、幼叶背密被灰褐色柔毛。叶薄革质，长圆形，边缘有细锯齿。花单生于枝顶；花梗弯曲；萼片近圆形；花瓣 5 枚，倒卵圆形，白色。蒴果圆球形。花期 7—8 月，果期 9—10 月。

应用价值：制茶，特别适合制作红茶和白茶，品质优良，具生津解渴、醒脑提神、消食开胃等功效。

生　　境：生于海拔 270 m 左右的疏林下。

省内分布：汝城。

167 粗毛石笔木

Pyrenaria hirta (Handel-Mazzetti) H. Keng

山茶科 核果茶属

形态特征：常绿乔木；嫩枝、叶柄、叶背、果实花萼和花冠外面被毛。叶革质，长圆形，边缘有细锯齿。花白色或黄色。蒴果纺锤形。花期6—7月，果期9—11月。

应用价值：为优质园林树种。

生　　境：生于海拔500 m左右的山谷、溪边常绿阔叶林中。

省内分布：湘南、湘西南至湘西北散见。

168 陀螺果

Melliodendron xylocarpum Hand.-Mazz.

安息香科 陀螺果属

形态特征：落叶乔木。叶互生，卵状披针形，边缘有细锯齿。花白色，花瓣5枚，花冠裂片长圆形，两面均密被细茸毛。果实常为倒卵形，外面密被星状茸毛，有5～10条棱或脊。花期4—5月，果期7—10月。

应用价值：树形优美，花色漂亮，先花后叶，可作为庭院绿化树种。

生　　境：生于海拔1000～1500 m的山谷、山坡湿润林中。

省内分布：湘南至湘西南常见。

169 中华猕猴桃

Actinidia chinensis Planch.【国二】

猕猴桃科 猕猴桃属

形态特征：大型落叶木质藤本；幼枝、叶背及花序被有灰白色茸毛。叶纸质，倒阔卵形，顶端常微凹。聚伞花序具 1 ～ 3 朵花。花初开时白色，开后变淡黄色，有香气；花瓣阔倒卵形。果黄褐色，圆柱形。花期 4—5 月，果期 9 月。

应用价值：果实营养价值高，风味俱佳，可食用。

生　　境：生于海拔 200 ～ 1000 m 的低山区山林中。

省内分布：全省常见。

170　金花猕猴桃

Actinidia chrysantha C. F. Liang【国二】

猕猴桃科　猕猴桃属

形态特征：大型落叶木质藤本；枝叶无毛或近无毛。叶软纸质，阔卵形，叶柄水红色。花序具 1 ～ 3 朵花，花金黄色，花瓣倒卵形。果成熟时栗褐色或绿褐色，柱状圆球形或卵珠形，皮孔丰富。花期 5 月中旬，果期 11 月。

应用价值：植株生长旺盛，体强株壮，较为耐旱，是优秀的种质资源。

生　　境：生于海拔 900 ～ 1700 m 的疏林、灌丛或山林迹地中。

省内分布：汝城、通道、城步、蓝山、宁远、资兴、宜章、绥宁。

171　条叶猕猴桃

Actinidia fortunatii Fin. et Gagn.【国二】

猕猴桃科　猕猴桃属

形态特征：小型半常绿木质藤本；嫩枝初被茸毛，后近无毛。叶坚纸质，长条形，叶背粉绿色。花序腋生，具1～3朵花，花粉红色，罩形，花瓣倒卵形，子房密被黄褐色茸毛。果灰绿色，圆筒状的或卵球形圆筒状。花期4—6月，果期11月。

生　　境：生于海拔960～1250 m的山地草坡中。

省内分布：湘南至湘西南散见。

172　水晶兰

Monotropa uniflora L.

杜鹃花科　水晶兰属

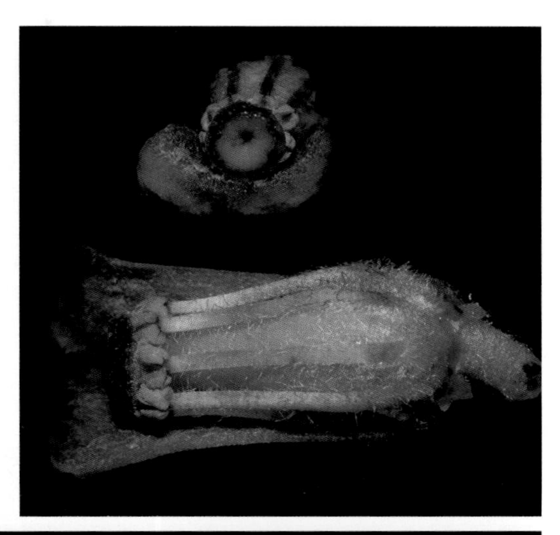

形态特征：多年生草本，腐生；茎直立，几全株白色。叶鳞片状，直立，互生，长圆形。花单一，顶生，先下垂，后直立，花冠筒状钟形，花瓣 5 ～ 6 枚，离生，楔形。蒴果椭圆状球形，直立，向上。花期 8—9 月，果期 9—11 月。

应用价值：可药用，根或全草入药，补虚止咳；主治肺虚咳嗽。观赏价值也很高。

生　　境：生于海拔 800 ～ 3850 m 的山地林下。

省内分布：湘南、湘西南至湘西北稀见。

173 球果假沙晶兰

Monotropastrum humile (D. Don) H. Hara

杜鹃花科 假沙晶兰属

形态特征：多年生草本，腐生；茎直立，几全株白色。叶鳞片状，互生，长圆形。花单一，顶生，下垂，稍带淡黄色，花冠狭管状，倒披针形，先端渐尖，倒卵状长楔形，花药橙黄色。花期 6 月。

应用价值：可药用，具补肺止咳、主治虚咳的功效。

生　　境：生长于海拔 900 ～ 3100 m 处，适生土壤为沙质土。

省内分布：汝城、新宁、宜章、炎陵、双牌、道县、桂东。

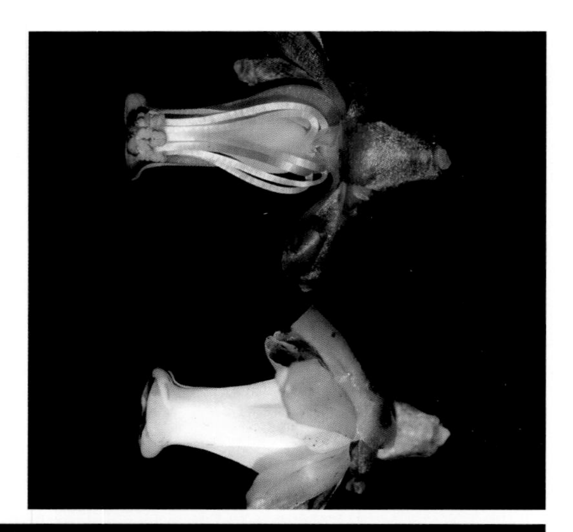

174　普通鹿蹄草

Pyrola decorata H. Andr.

杜鹃花科　鹿蹄草属

形态特征：常绿草本状小半灌木。叶 3 ～ 6 枚，近基生，薄革质，长圆形，下面色较淡，边缘有疏齿。总状花序有 4 ～ 10 朵花，花倾斜，半下垂，花冠碗形，淡绿色或黄绿色或近白色。蒴果扁球形。花期 6—7 月，果期 7—8 月。

应用价值：民间常用药用植物，主治肺病、止咳、筋骨疼痛等。

生　　境：生于海拔 600 ～ 3000 m 的山地阔叶林或灌丛下。

省内分布：全省偶见。

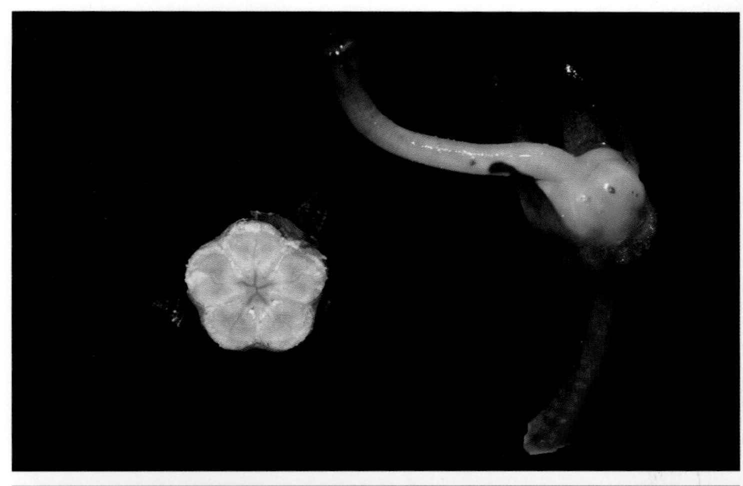

175 刺毛杜鹃
Rhododendron championiae Hooker

杜鹃花科 杜鹃花属

形态特征：常绿灌木；全株大部分被刚毛和短柔毛。叶厚纸质，长圆状披针形。伞形花序生枝顶叶腋，具花 2 ～ 7 朵，花冠白色或淡红色，狭漏斗状，花药长圆形，黄色。蒴果圆柱形，微弯曲，具 6 条纵沟。花期 4—5 月，果期 5—11 月。

应用价值：具较高的观赏价值。

生　　境：生于海拔 500 ～ 1300 m 的山谷疏林内。

省内分布：湘南、湘西北。

176　南岭杜鹃

Rhododendron levinei Merr.

杜鹃花科　杜鹃花属

形态特征：常绿灌木；幼枝疏生鳞片和长硬毛。叶片革质，椭圆形或椭圆状倒卵形。花序顶生，2 ～ 4 朵花伞形着生；花冠宽漏斗形，白色。蒴果长圆形。花期 3—4 月，果期 9—10 月。

应用价值：具有较高的观赏价值。

生　　境：生于海拔 1300 ～ 1500 m 的山地林中、林缘或灌丛。

省内分布：汝城、新宁、宜章、绥宁、江华。

177 千针叶杜鹃

Rhododendron tsoi var. *polyraphidoideum* (P. C. Tam) X. F. Jin & B. Y. Ding

杜鹃花科 杜鹃花属

形态特征：半常绿灌木；枝叶被锈色糙伏毛。叶薄革质，卵形，长 1.2 ～ 2 cm。伞形花序顶生，有花 2 ～ 3 朵；花冠短钟状漏斗形，花冠管圆筒状，裂片 5 枚。蒴果圆锥状，被糙伏毛。花期 4 月。

应用价值：具一定的观赏价值。

生　　境：生于 850 ～ 1450 m 的山顶密林中。

省内分布：湘南散见。汝城、桂东、炎陵、宜章。

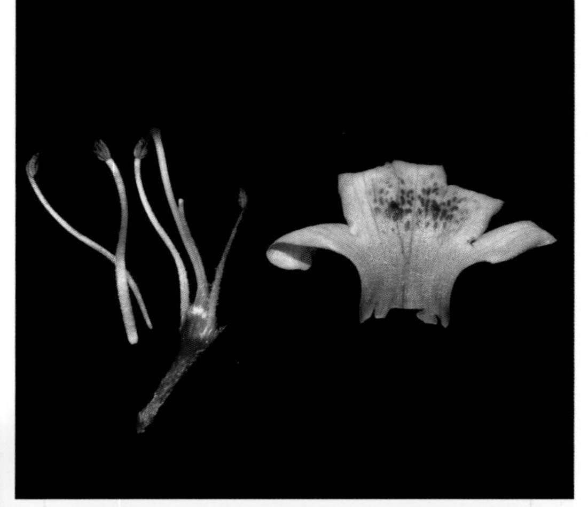

178　华腺萼木

Mycetia sinensis (Hemsl.) Craib

茜草科　腺萼木属

形态特征：亚灌木；下部茎木质，白色。叶对生；叶片长圆状披针形，具托叶。聚伞花序顶生，有花多朵；花冠白色，狭管状。果近球形，成熟时白色。花期 7—8 月，果期 9—11 月。

应用价值：甜茶植物之一，根可入药，除湿利尿。

生　　境：生于密林下的沟溪边或林中路旁。

省内分布：汝城、宁远、宜章、城步、江永、桂东。

179 短小蛇根草

Ophiorrhiza pumila Champ. ex Benth.

茜草科 蛇根草属

形态特征：矮小直立草本。叶对生；叶片卵形、椭圆形或长圆形，背面苍白色。花序顶生；花冠白色，近管状，全长约 5 mm，基部稍膨胀，里面喉部有一圈白色长毛。蒴果僧帽状或略呈倒心状。花期 4—9 月，果期 6—10 月。

应用价值：全草可入药，具解热、抗炎、调节免疫、预防感冒的功效。

生　　境：生于海拔 300 ～ 1500 m 的林下沟溪边或湿地上阴处。

省内分布：汝城九龙江。

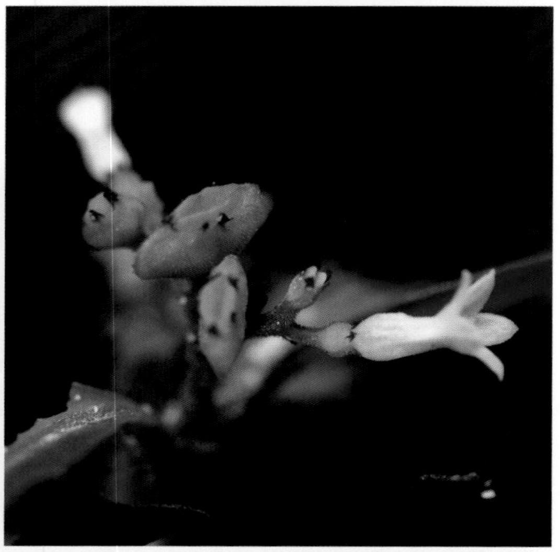

180　蔓九节
Psychotria serpens L.

茜草科　九节属

形态特征：攀缘或匍匐藤本。叶对生，纸质或革质，嫩叶多卵形，老叶多椭圆形。聚伞花序顶生；花冠白色。浆果状核果球形，具纵棱，常呈白色。花期4—6月，果期全年。

应用价值：全株药用，具舒筋活络、祛风止痛等功效。

生　　境：生于海拔70～1360 m的平地、丘陵、山地、山谷水旁的灌丛或林中。

省内分布：汝城。

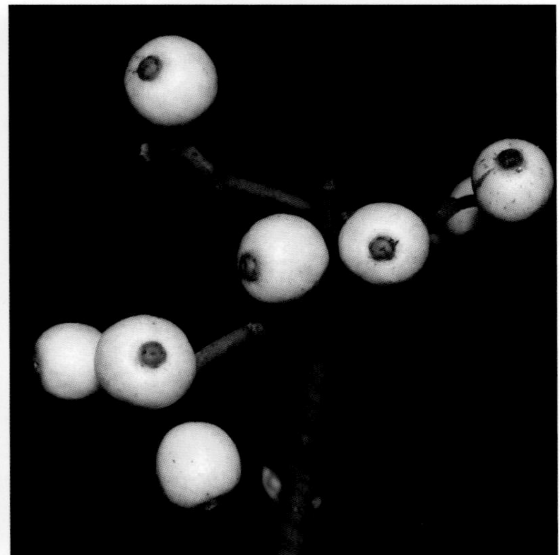

181　尖萼乌口树

Tarenna acutisepala How ex W. C. Chen.

茜草科　乌口树属

形态特征：常绿灌木；嫩枝灰色。叶对生，纸质或近革质，长圆形；托叶三角形，先端锐尖。伞房状的聚伞花序顶生；花冠淡黄色，外面无毛，冠管内面上部和喉部有柔毛，花冠裂片椭圆形。浆果近球形。花期 4—9 月，果期 5—11 月。

生　　境：生于海拔 520 ～ 1530 m 的山坡或山谷溪边林中或灌丛中。

省内分布：汝城、宜章。

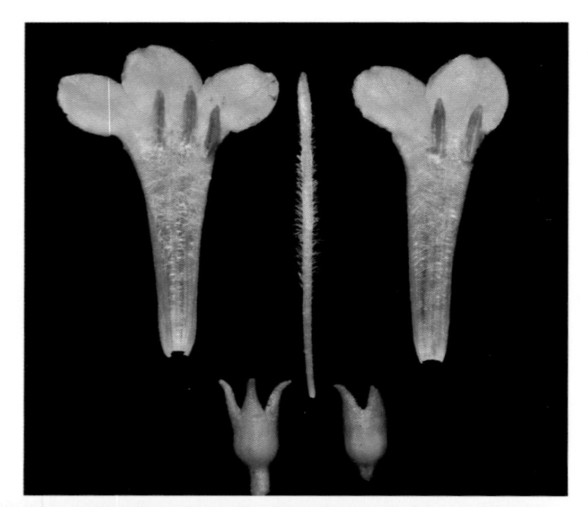

182　华南龙胆

Gentiana loureiroi (G. Don) Grisebach

龙胆科　龙胆属

形态特征：多年生草本，高 3 ～ 8 cm。茎丛生，紫红色，直立。基生叶缺无或发达，莲座状，狭椭圆形。花梗紫红色，花萼钟形，花冠紫色，漏斗形。蒴果倒卵形，先端圆形，有宽翅。花、果期 2—9 月。

应用价值：可药用，清热利湿，治咽喉肿痛、肠痈、尿血等。

生　　境：生于海拔 300 ～ 2300 m 的山坡路旁、荒山坡及林下。

省内分布：湘南至湘西南散见。

183 链珠藤
Alyxia sinensis Champ. ex Benth.

夹竹桃科 链珠藤属

形态特征：木质藤本；具乳汁；除花梗、苞片及萼片外，其余无毛。叶革质，对生或3枚轮生，通常圆形。聚伞花序腋生或近顶生。核果卵形，2～3颗组成链珠状。花期4—9月，果期5—11月。

应用价值：根可入药，具解热镇痛、消痈解毒的功效，治风火、齿痛、跌打损伤等。

生　　境：常生于250～1000 m的矮林或灌木丛中。

省内分布：汝城、江华、宜章、城步、龙山、永顺、通道。

184 通天连

Tylophora koi Merr.

夹竹桃科 娃儿藤属

形态特征：攀缘灌木；几全株无毛；具乳汁。叶对生，薄纸质，长圆形，顶端渐尖。聚伞花序近伞房状，腋生；花黄绿色，花萼 5 深裂，花冠近辐状，花冠筒短，裂片长圆形。蓇葖通常单生，线状披针形。花期 6—9 月，果期 7—12 月。

应用价值：全株供药用，可解蛇毒，治跌打、疮疥、手指疮等。

生　　境：生长于海拔 1000 m 以下的山谷潮湿密林中或灌木丛中，常攀缘于树上。

省内分布：汝城、宜章、江华、双牌。

185 吊石苣苔
Lysionotus pauciflorus Maxim.

苦苣苔科　吊石苣苔属

形态特征：附生小灌木；近无毛。叶3枚轮生，叶片革质，形状变化大，主要长椭圆形，边缘在中部以上有齿。花序通常具1～2朵花；花萼5裂。花冠白色带淡紫色条纹或淡紫色，筒细漏斗状。蒴果线形。花期7—10月。

应用价值：全草可供药用，治跌打损伤等症。

生　　境：生于海拔300～2000 m的丘陵或山地林中的阴处石崖上或树上。

省内分布：全省散见。

186　弯管马铃苣苔
Oreocharis curvituba J. J. Wei & W. B. Xu

苦苣苔科　马铃苣苔属

形态特征：多年生草本植物；叶、花序被长柔毛。叶基生，莲座状，叶片卵形至椭圆形，先端钝圆形，基部楔形，边缘具小齿。花除花冠裂片里面白色外，均为紫红色；花冠筒漏斗状，稍弯曲。蒴果长圆形。花期 8—9 月，果期 9—10 月。

生　　境：生于海拔 900 ～ 1300 m 的常绿落叶阔叶混交林的潮湿岩石上。

省内分布：汝城、桂东。

187　大齿马铃苣苔

Oreocharis magnidens Chun ex K. Y. Pan

苦苣苔科　马铃苣苔属

形态特征：多年生草本。叶基生，莲座状。叶片长椭圆形，边缘具整齐的牙齿，上面被长柔毛。花冠细筒状，白色或淡紫色。蒴果长圆状倒披针形，无毛。花期 7 月，果期 10 月。

生　　境：生于海拔 1100 ～ 1600 m 的山谷潮湿石壁上。

省内分布：汝城、桂东。

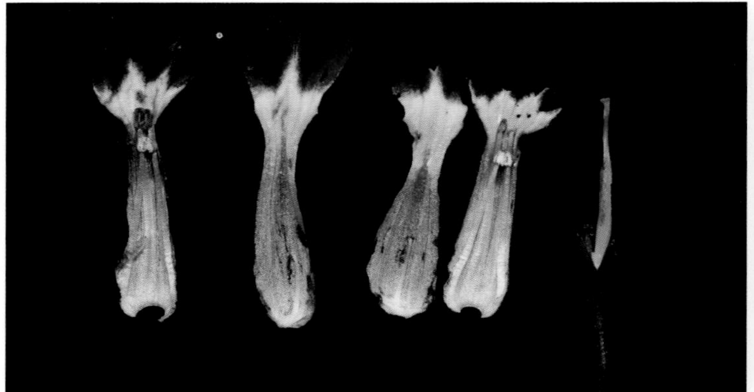

188　羽裂报春苣苔

Primulina pinnatifida (Hand.~Mazz.) Yin Z. Wang

苦苣苔科　报春苣苔属

形态特征：多年生草本；全株被短毛。叶基生；叶片草质，长圆形、披针形或狭卵形，边缘常不规则羽状浅裂。花紫色，花冠筒状。蒴果线形。花期6—9月。

应用价值：可药用，治跌打损伤等。

生　　境：生于海拔600 ～ 1500 m的山谷林中石上或溪边。

省内分布：湘南至湘西南散见。

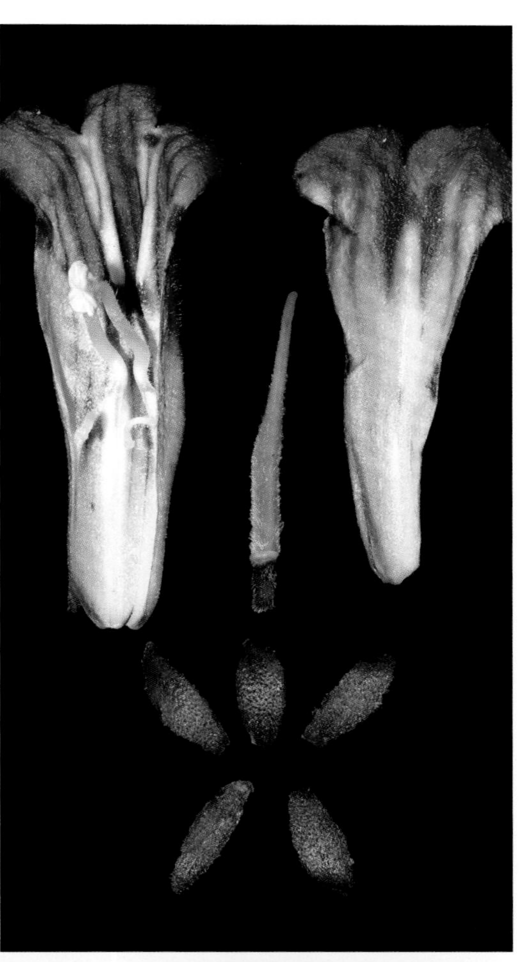

189 茶菱
Trapella sinensis Oliv.

车前科 茶菱属

形态特征：多年生水生草本；根状茎横走。叶对生，表面无毛，背面淡紫红色。浮水叶三角状圆形至心形，沉水叶披针形。花单生于叶腋，果期花梗下弯。蒴果狭长，不开裂。花期 6 月。

应用价值：庭院、室内造景观赏。

生　　境：生于海拔 300 m 左右的池塘或湖泊中。

省内分布：汝城、醴陵、武冈、汉寿、岳阳、东安、永兴。

190　九头狮子草

Peristrophe japonica (Thunb.) Bremek.

爵床科　观音草属

形态特征：多年生草本。叶卵状矩圆形。花序顶生或腋生于上部叶腋，由 2 ～ 10 个聚伞花序组成，花萼裂片 5 枚，钻形；花冠粉红色至微紫色，冠管细长，冠檐 2 唇形。蒴果疏生短柔毛。花期 7 月至翌年 2 月，果期 7—10 月。

应用价值：可药用，具解表发汗功效。

生　　境：生于低海拔的路边、草地或林下。

省内分布：全省常见。

191 弯花叉柱花

Staurogyne chapaensis R. Ben

爵床科 叉柱花属

形态特征：草本，茎缩短。叶对生，成莲座状。叶片卵形，先端通常圆钝，基部心形，背面苍白色。总状花序顶生成腋，花呈现 90° 弯曲，花冠淡蓝紫毛，冠檐 5 裂，裂片圆形。花期 3—5 月，果期 7—8 月。

应用价值：具观赏价值。

生 境：生于海拔 1000 ～ 1800 m 的林下。

省内分布：汝城、道县、宜章。

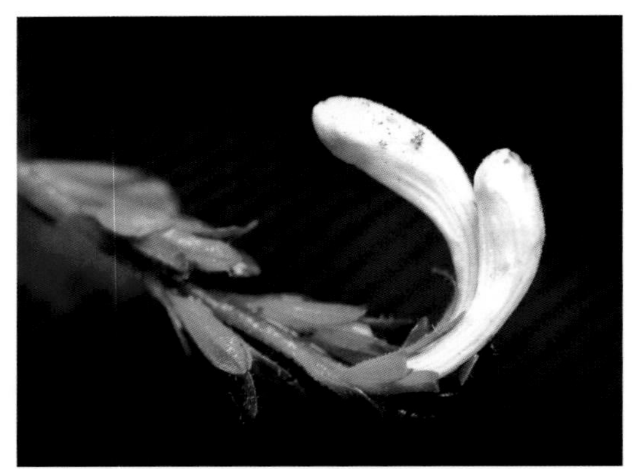

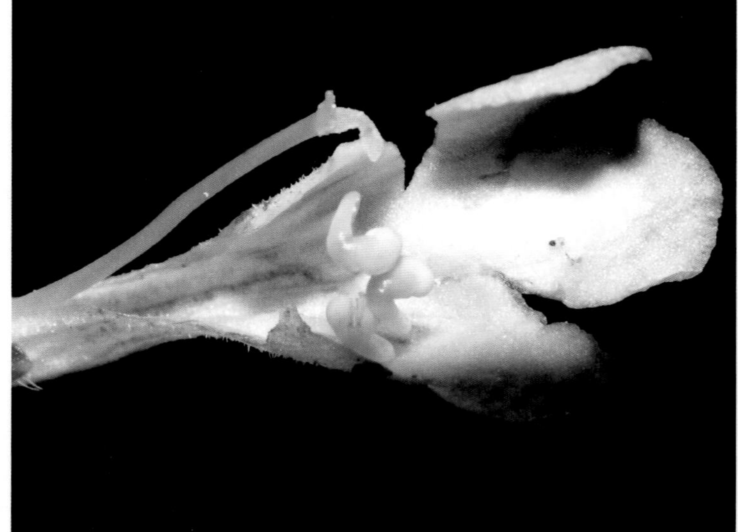

192　黄花狸藻

Utricularia aurea Lour.

狸藻科　狸藻属

形态特征：水生草本；无真正的根和叶。叶器多数，互生，3 ～ 4 深裂达基部，裂片先羽状深裂，末回裂片毛发状，具细刚毛。花冠黄色，喉部有时具橙红色条纹。蒴果球形。花期 6—11 月，果期 7—12 月。

生　　境：生于海拔 50 ～ 2680 m 的湖泊、池塘和稻田中。

省内分布：汝城、醴陵、保靖、新宁、宜章、茶陵、株洲、永顺。

193 圆叶挖耳草

Utricularia striatula J. Smith

狸藻科 狸藻属

形态特征：附生小草本。叶器多数，于花期宿存，簇生成莲座状和散生于匍匐枝上，倒卵形，膜质，无毛。花序直立；花冠白色、粉红色或淡紫色，喉部具黄斑，半圆形。蒴果斜倒卵球形。花期6—10月，果期7—11月。

生　　境：生于海拔400～3600 m的潮湿岩石或树干上。

省内分布：汝城、宜章、蓝山、桂东。

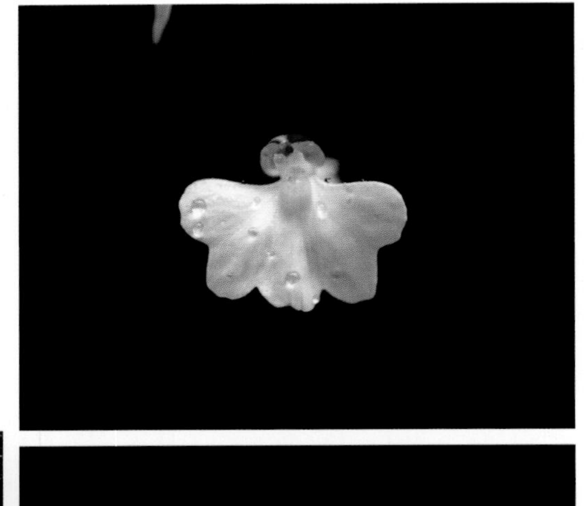

194　钩毛紫珠

Callicarpa peichieniana Chun et S. L. Chen

唇形科　紫珠属

形态特征：灌木；全株多被黄色腺点及细毛。叶对生；叶片菱状卵形，具齿；叶柄极短或无柄。聚伞花序；花序梗纤细如丝状；花冠紫红色。果实球形，熟时紫红色，具 4 个分核。花期 6—7 月，果期 8—11 月。

生　　境：生于海拔 200 ～ 2250 m 的林中或林缘。

省内分布：汝城、江华、宜章、沅陵。

195 中华锥花

Gomphostemma chinense Oliv.

唇形科 锥花属

形态特征：直立亚灌木状草本；枝叶常密被星状茸毛。叶对生；叶片椭圆形，草质，上面灰橄榄绿色，下面灰白色。圆锥花序对生，具 4 朵至多朵花。小坚果 4 枚均成熟，倒卵状三棱形。花期 7—8 月，果期 10—12 月。

应用价值：可药用，散瘀消肿，止血。

生 境：生于海拔 460 ～ 650 m 的山谷湿地密林下。

省内分布：汝城、江华、资兴。

196　英德黄芩

Scutellaria yingtakensis Sun ex C. H. Hu

唇形科　黄芩属

形态特征：多年生草本；茎四棱形。叶对生；叶片狭卵圆形，边缘具齿。花对生，在茎及枝条顶上排列成长达 7 cm 的总状花序，唇形花，花冠淡红色至紫红色，内面在喉部被白色髯毛。小坚果深褐色。花期 4—5 月。

应用价值：可药用，具清热燥湿、泻火解毒、止血、安胎的功效。

生　　境：生于海拔 500 ～ 2200 m 的丘陵地。

省内分布：湘南至湘西北散见。

197　岭南来江藤

Brandisia swinglei Merr.

列当科　来江藤属

形态特征：直立灌木或略蔓性；全体密被褐灰色星状茸毛。叶对生；叶片卵圆形，具柄。花1～2枚生于叶腋；花萼钟形；花冠黄色，内面具毛。上唇2裂，下唇侧裂长圆状卵形。蒴果小，扁圆形。花期6—11月，果期12月至翌年1月。

应用价值：全株入药，主治骨髓炎、骨膜炎、黄胆型肝炎、跌打损伤等症。

生　　境：生于海拔500～1000 m的坡地。

省内分布：汝城、道县、蓝山、宁远、临武、宜章、桂东。

198　江南马先蒿
Pedicularis henryi Maxim.

列当科　马先蒿属

形态特征：多年生草本；全株密被短毛。叶互生；叶片纸质，长圆状披针形，羽状全裂，裂片长圆形。总状花序腋生；花冠浅紫红色，上唇盔状。蒴果斜披针状卵形。花期5—9月，果期8—11月。

应用价值：可药用，主治寒热感冒。

生　　境：生于海拔400～1420 m的空旷处、草丛及林边。

省内分布：湘南、湘西南至湘西北偶见。

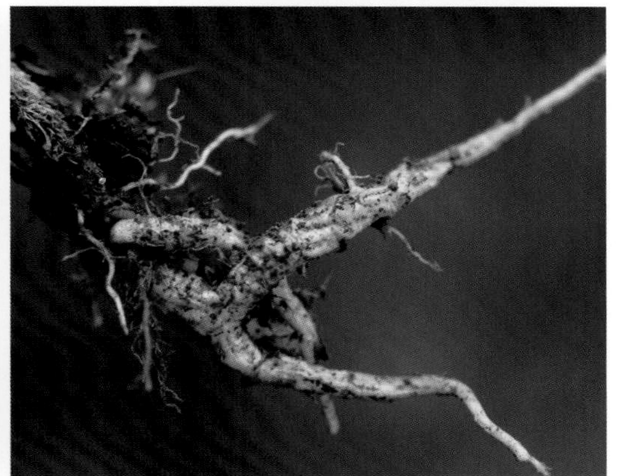

199 大叶冬青
Ilex latifolia Thunb

冬青科 冬青属

形态特征：常绿大乔木；枝具纵棱及槽；全体无毛。叶互生；叶片厚革质，长圆形，边缘具疏锯齿，齿尖黑色，叶面深绿色，背面淡绿色。假圆锥花序野生，花淡黄绿色。果球形，成熟时红色。花期 4 月，果期 9—10 月。

应用价值：叶和果可入药；可作庭园绿化树种。

生　　境：生于海拔 250 ～ 1500 m 的山坡常绿阔叶林、灌丛或竹林中。

省内分布：汝城、通道、桂东。

200　金钱豹
Codonopsis javanica (Blume) Hook. f.

桔梗科　金钱豹属

形态特征：草质缠绕藤本，具乳汁；全株近无毛。叶对生，具长柄，叶片心形，边缘有浅锯齿。花单朵生叶腋，花冠上位，白色或黄绿色，内面紫色，钟状。浆果紫红色，球状。花、果期 5—11 月。

应用价值：果实味甜，可食；根可入药，有清热、镇静之效，治神经衰弱等症状。

生　　境：生于海拔 2400m 以下的灌丛中及疏林中。

省内分布：湘南、湘西南至湘西北散见。

索　　引

中文索引

F

G

H

J

K

拉丁名索引